V

MA

DE GÉOMÉTRIE,

D'ARPENTAGE

DES ÉCOLES

UEL

DESSIN LINÉAIRE

E NIVELLEMENT,

E

MENTAIRES.

S.

De l'Imprimerie de Pillet aîné, rue des Grands-Augustins, nº.7.

Fig. 1.

A ———————————————————— B

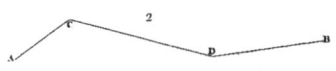

2

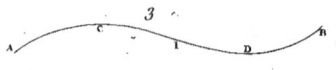

3

4

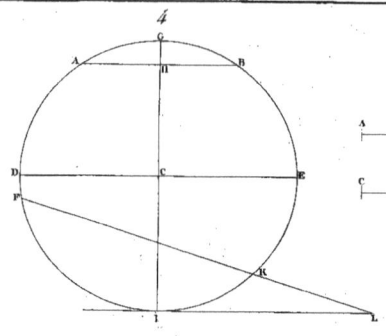

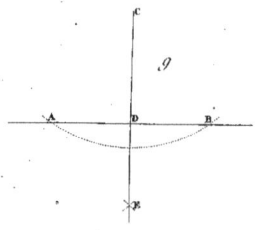

8

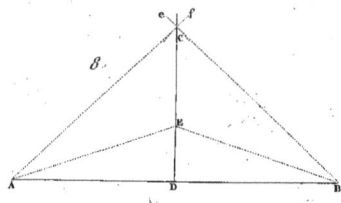

9

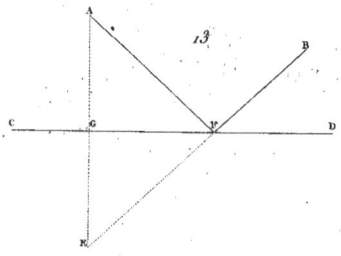

13

14

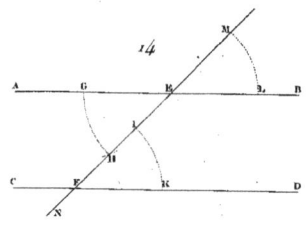

19

20

21

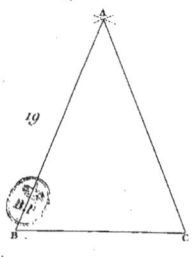

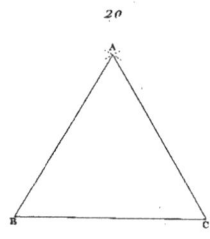

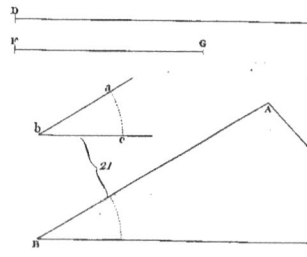

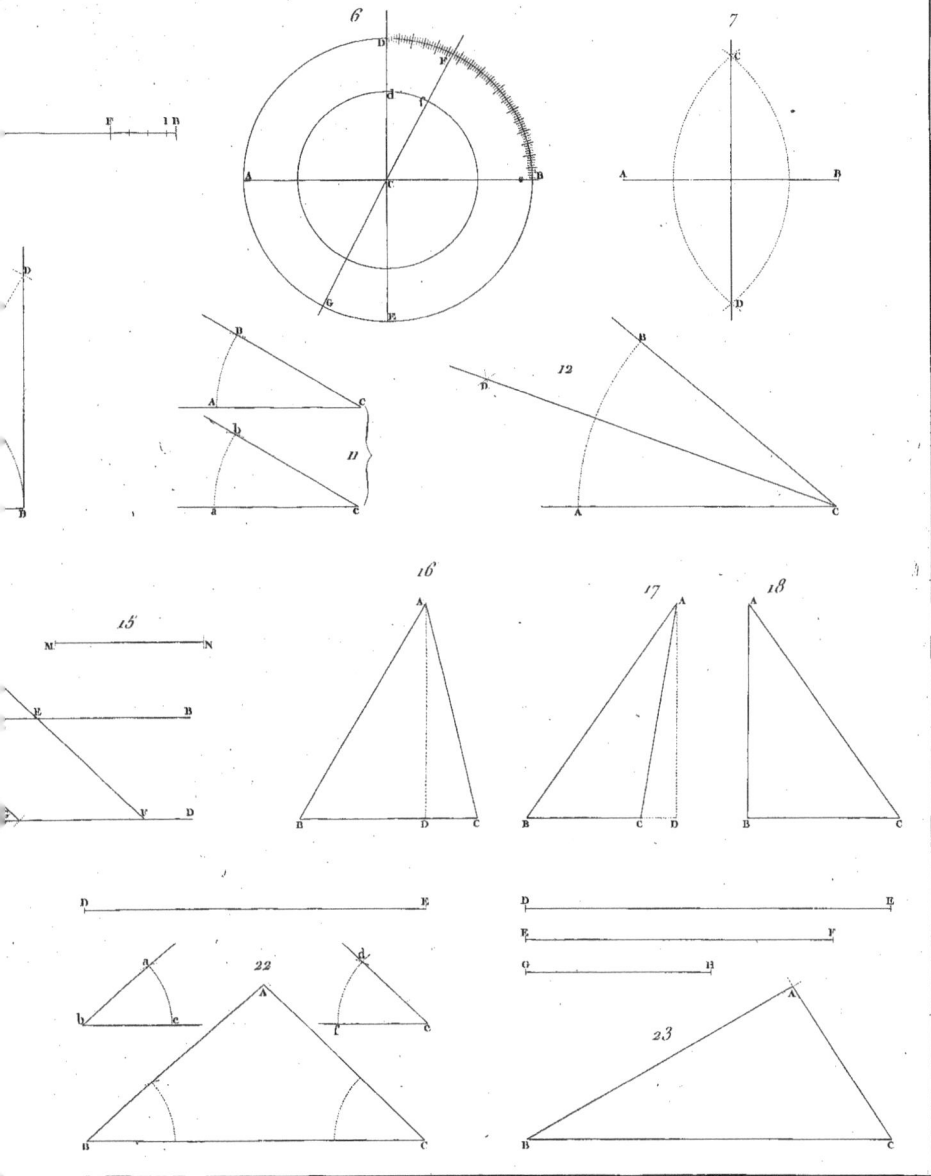

6

7

11

12

15

16

17

18

22

23

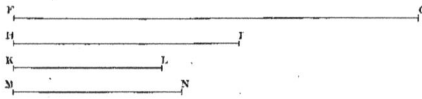

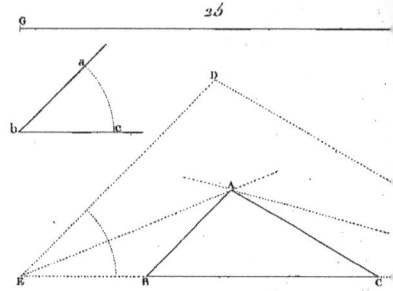

26

Fig. 24

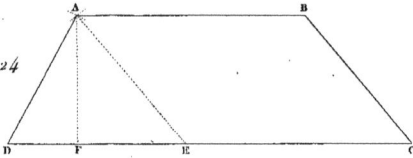

28

29

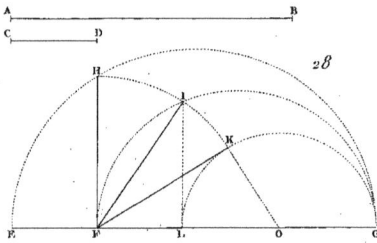

32

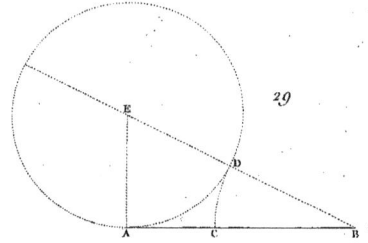

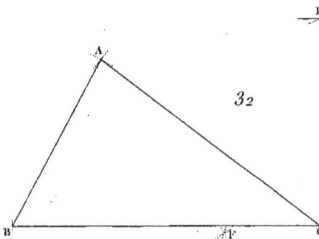

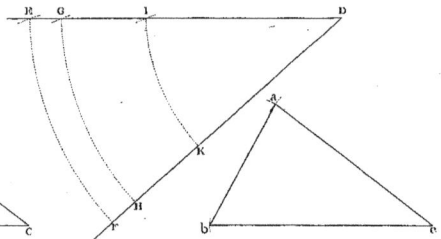

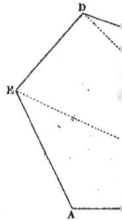

35

36

37

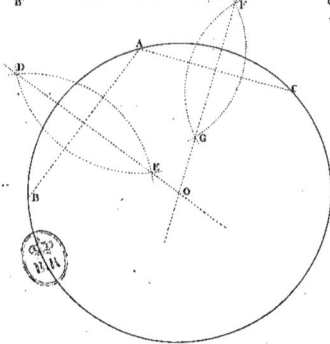

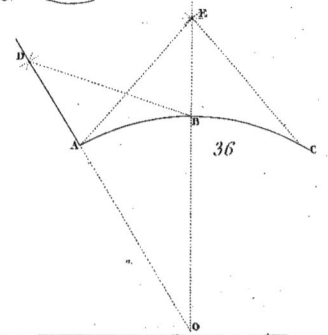

A.E. Rebout.

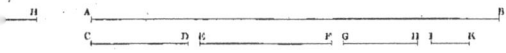

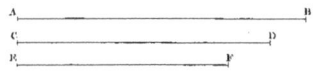

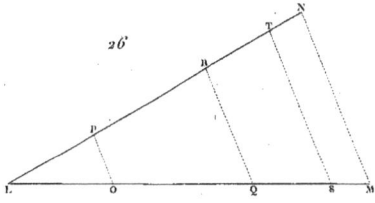

26

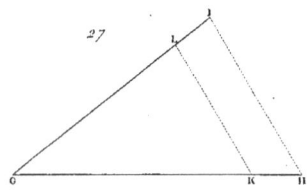

27

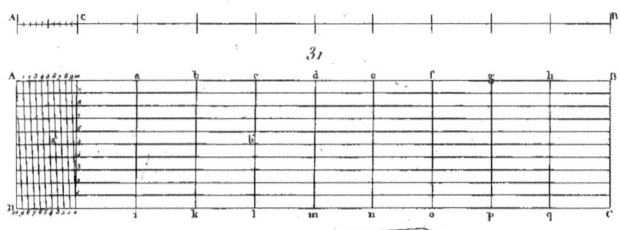

31

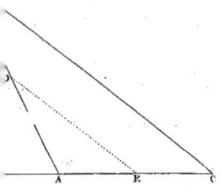

34

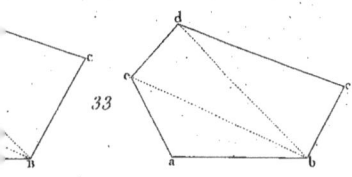

33

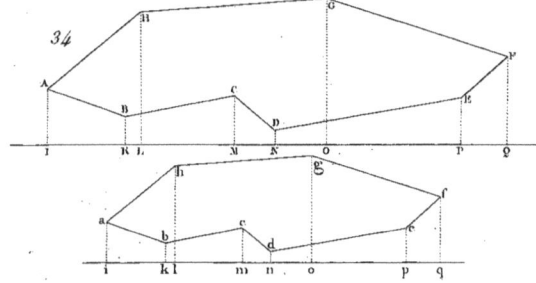

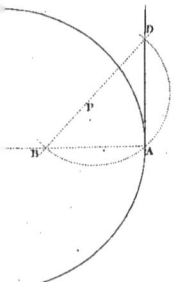

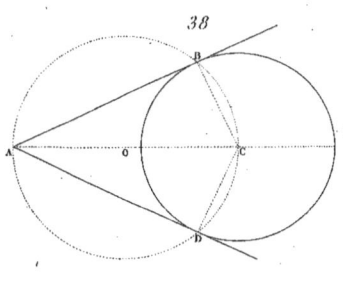

38

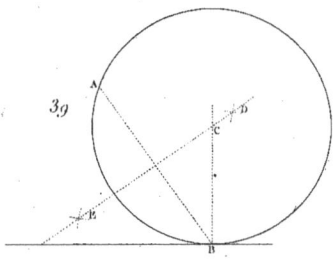

39

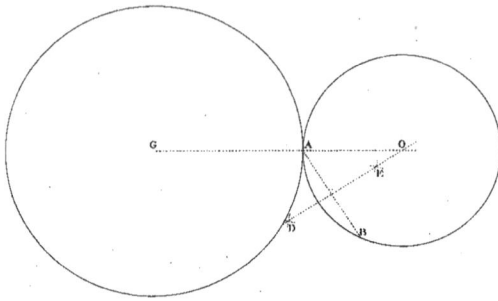

Fig. 40

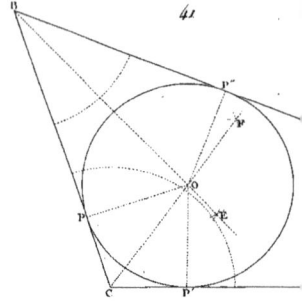

41

44

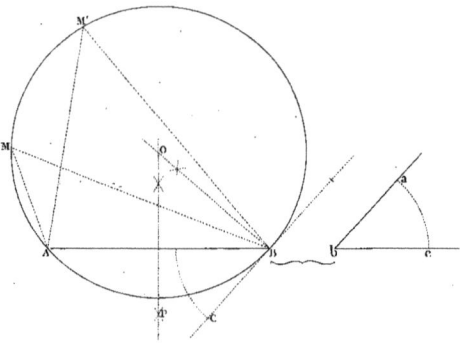

45

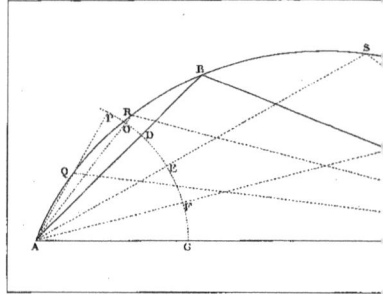

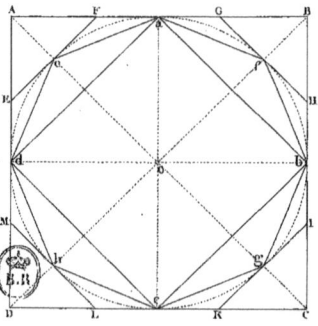

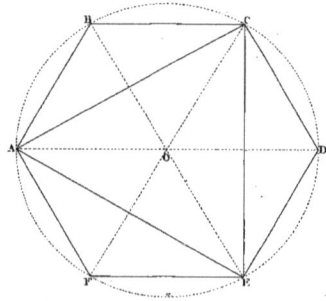

48

49

A.F. Robert.

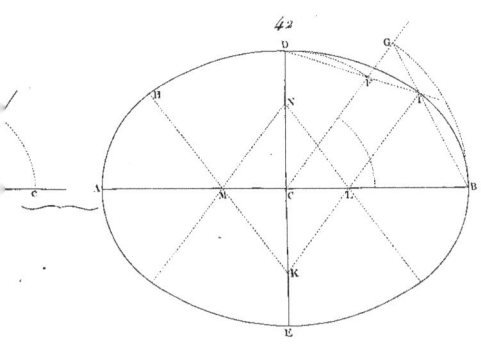

42

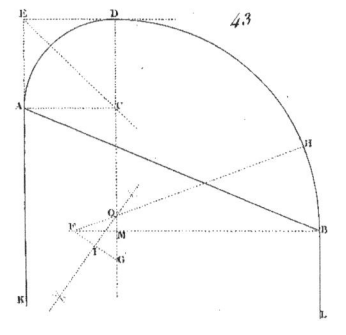

43

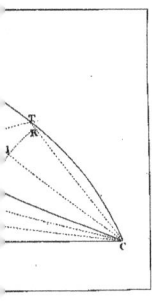

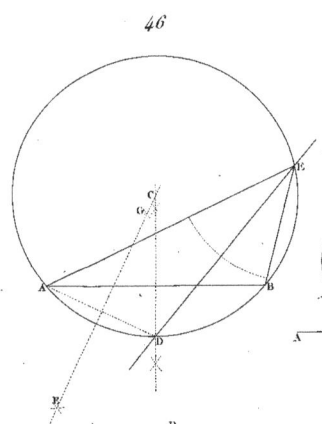

46

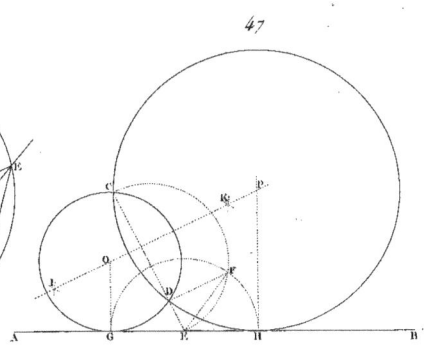

47

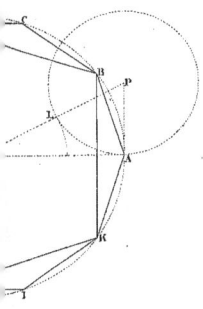

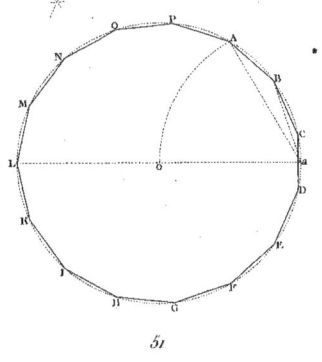

51

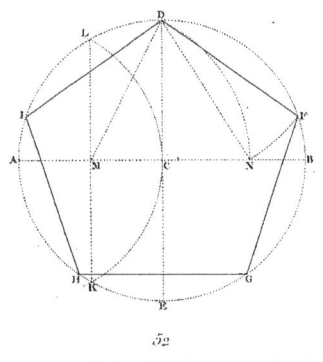

52

53

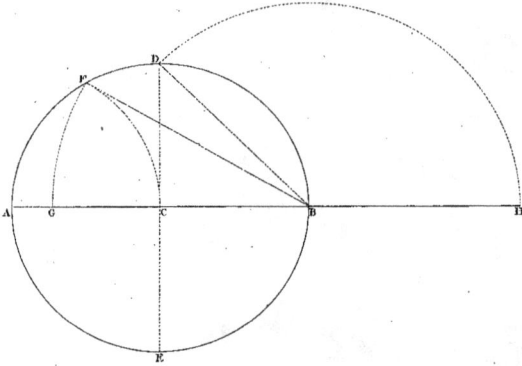

54

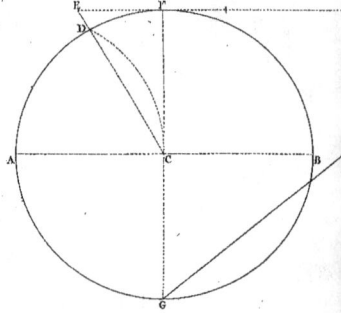

57

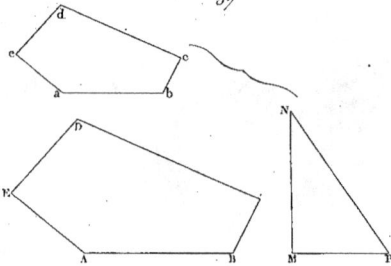

58

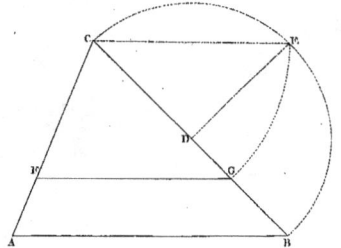

61

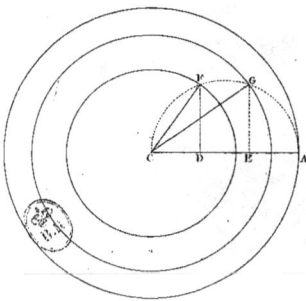

62

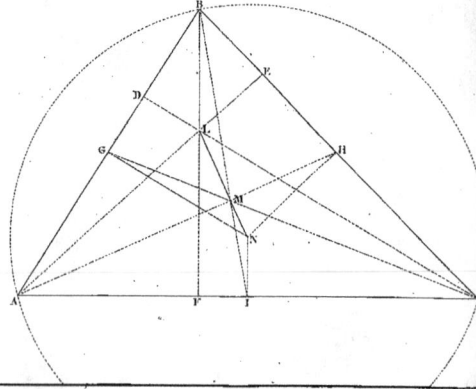

55

56

59

60

63

64

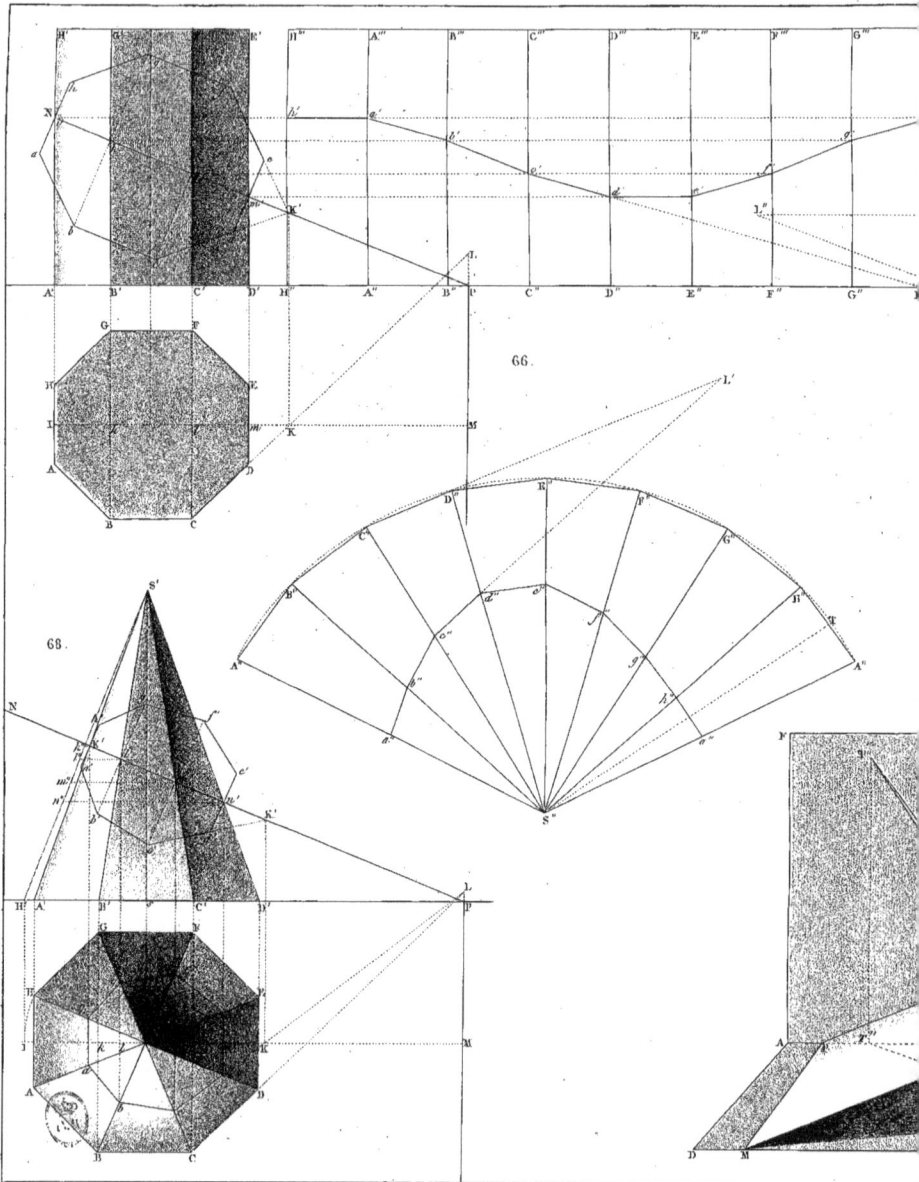

66.

68.

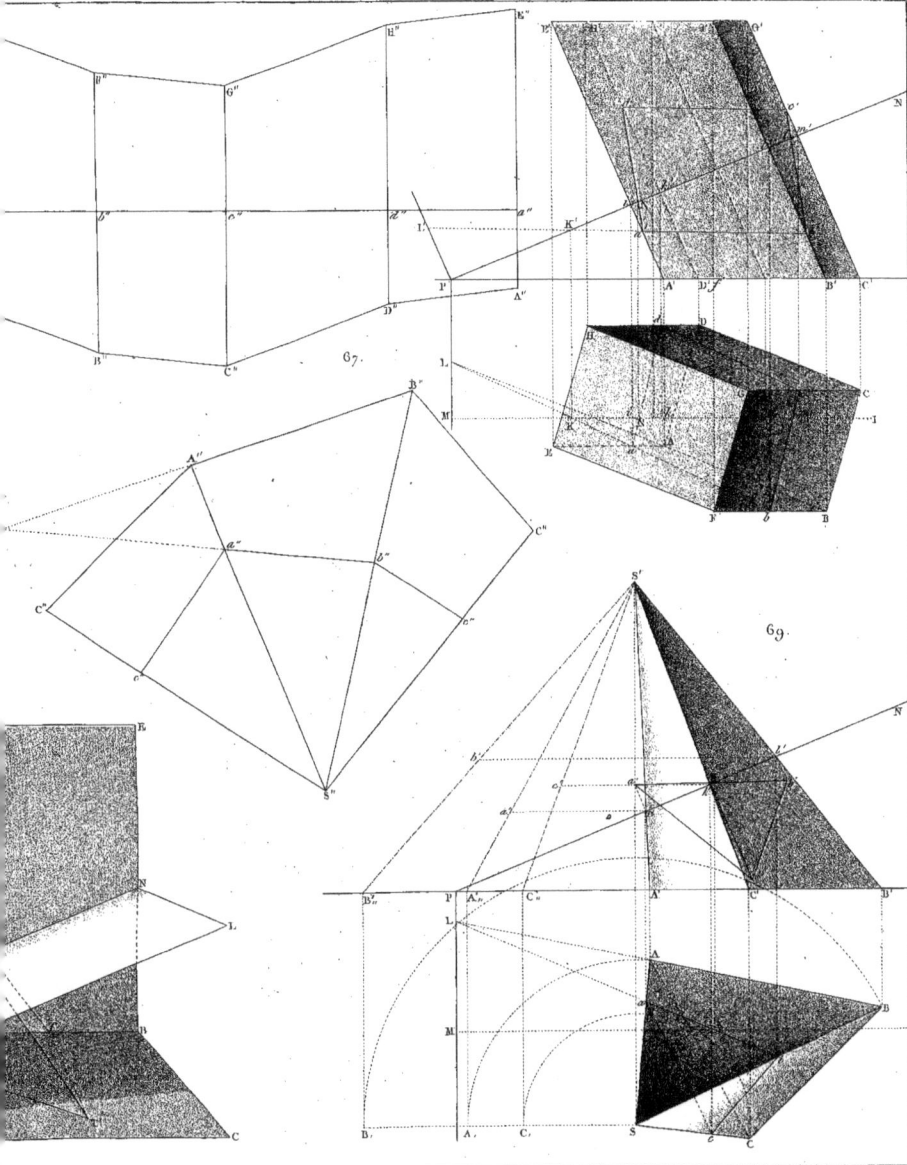

67.

69.

Normand fils sc.

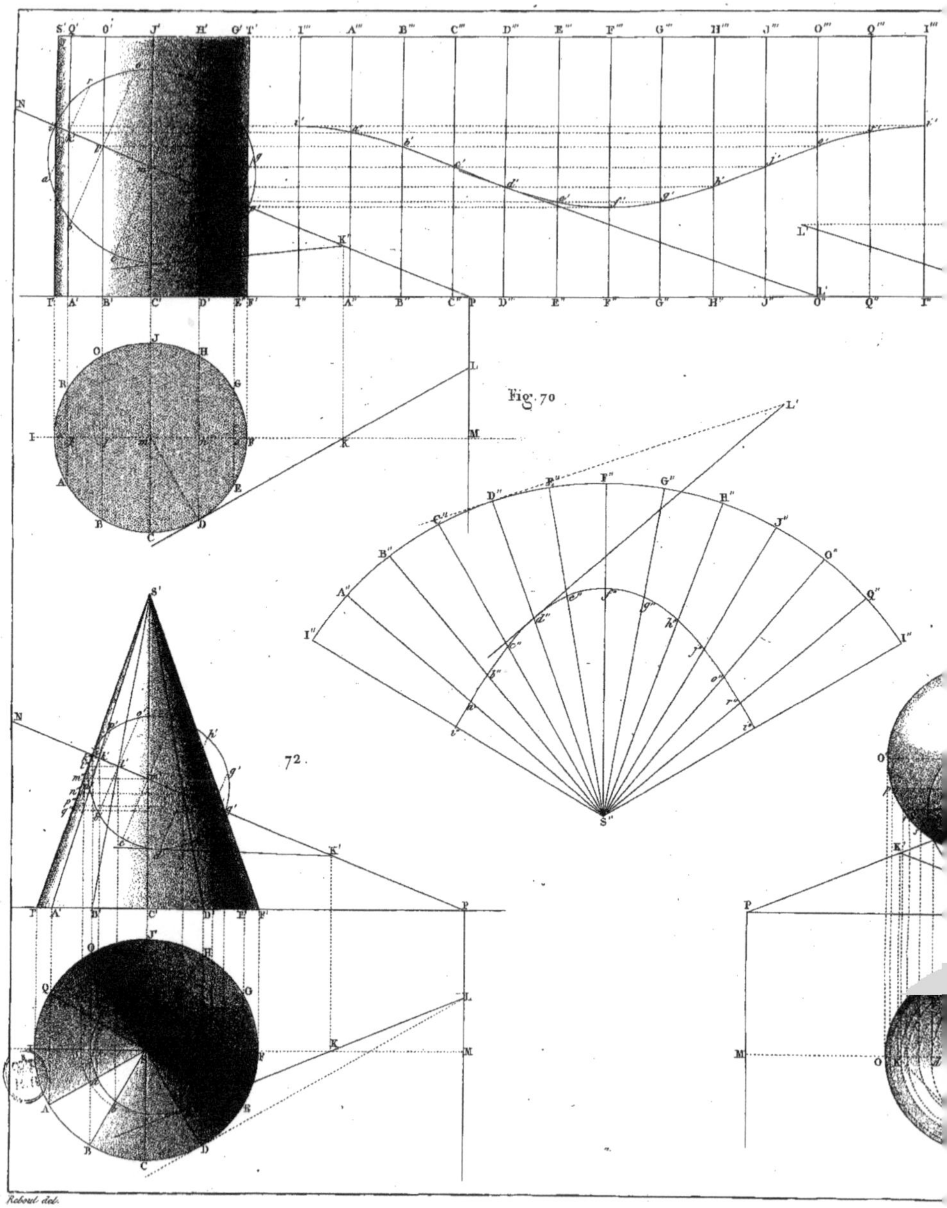

Fig. 70

72

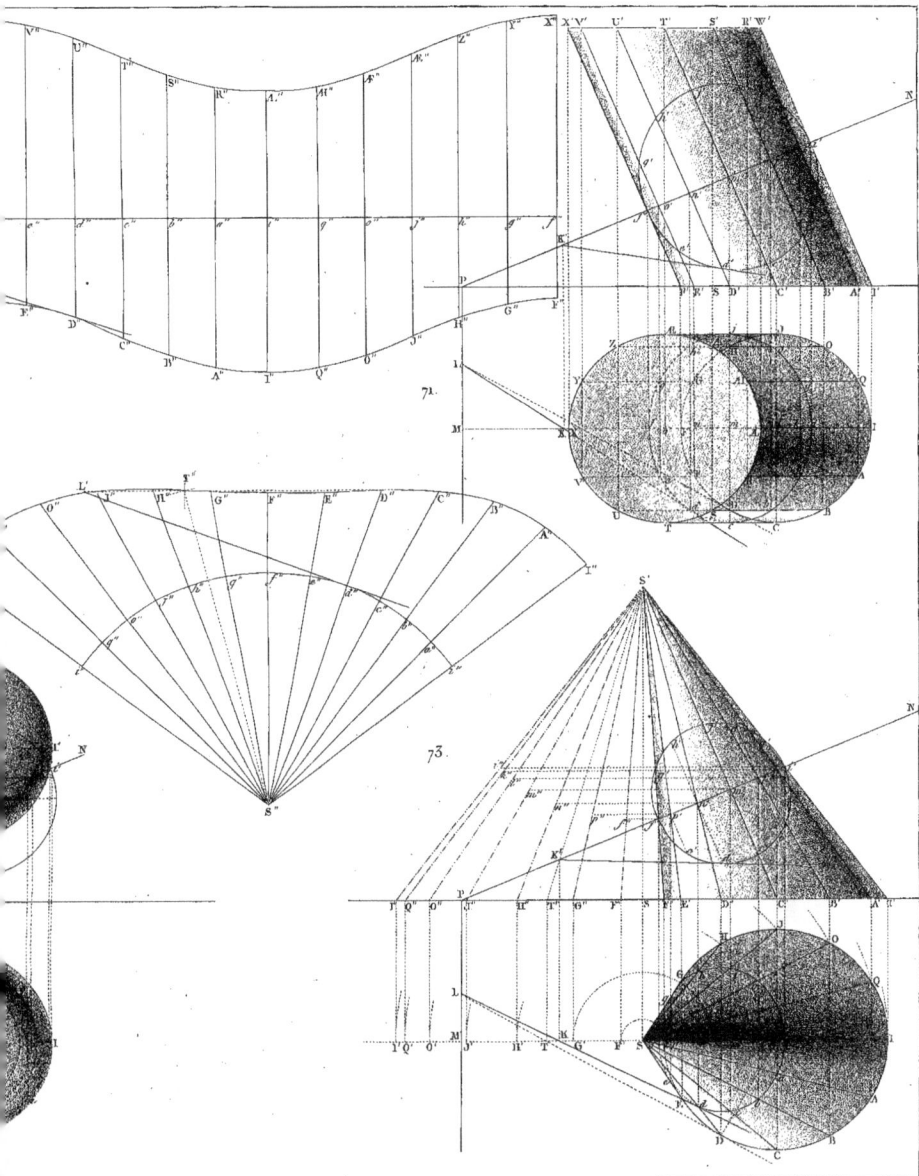

Pl. 6.

71.

73.

76.

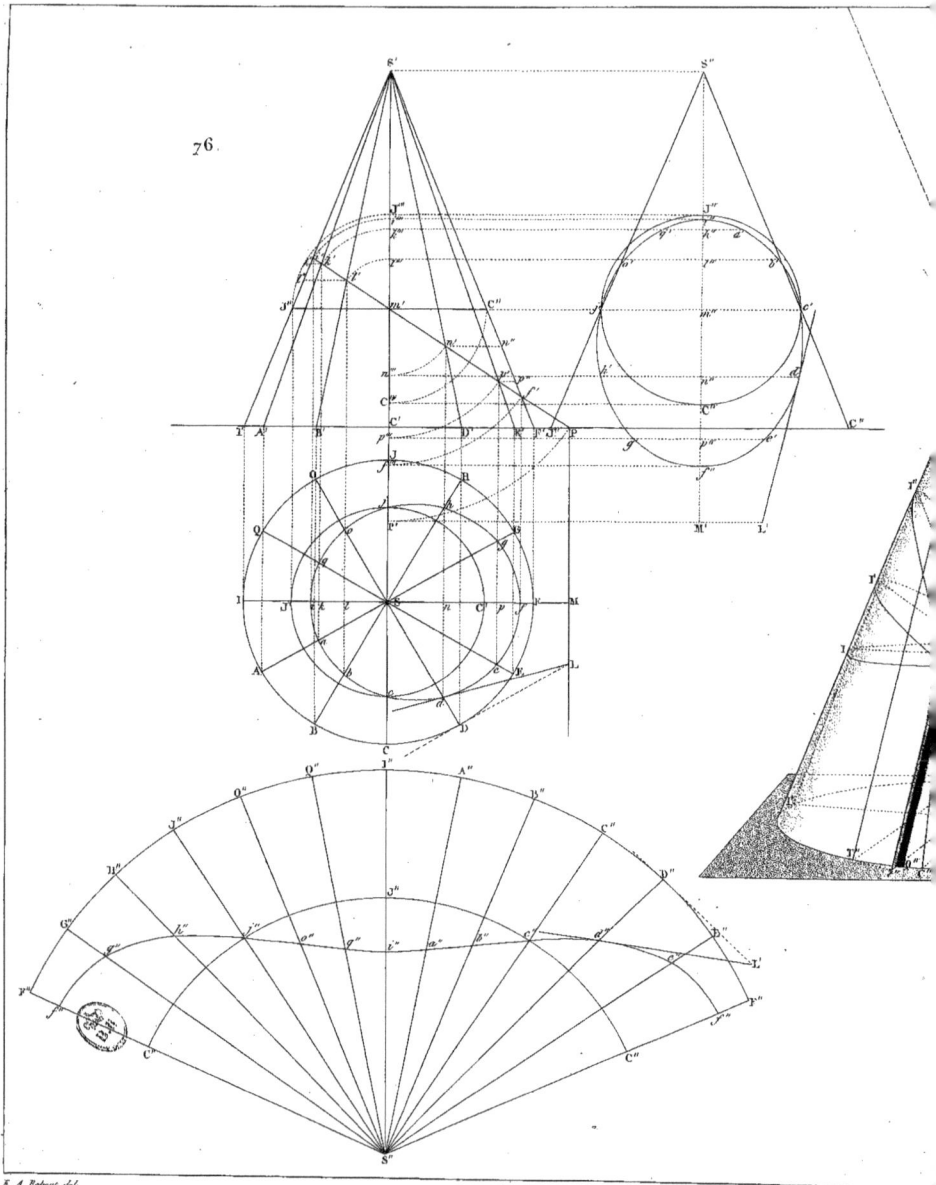

77

Fig. 1

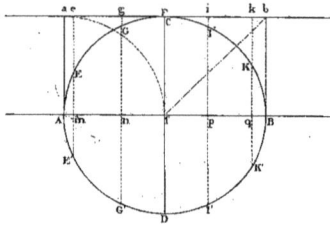

2

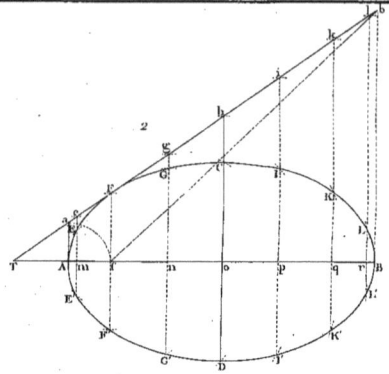

5

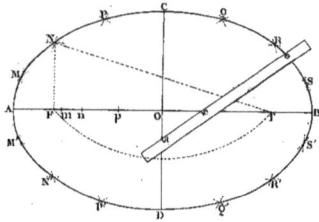

6'

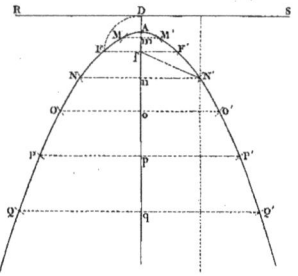

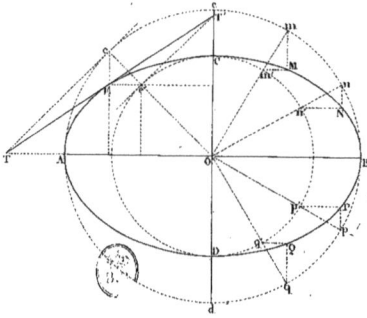

9

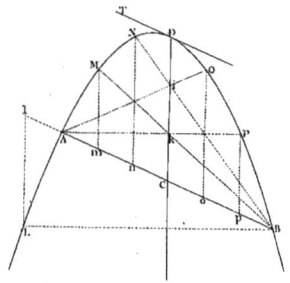

10

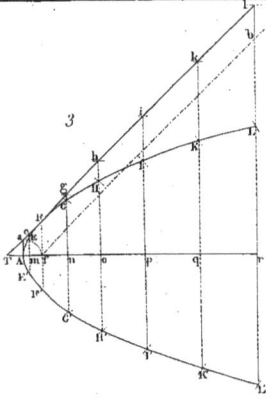

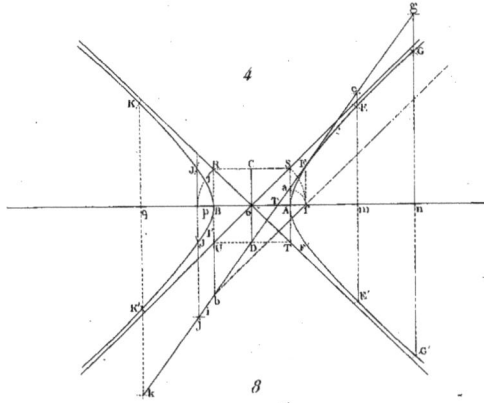

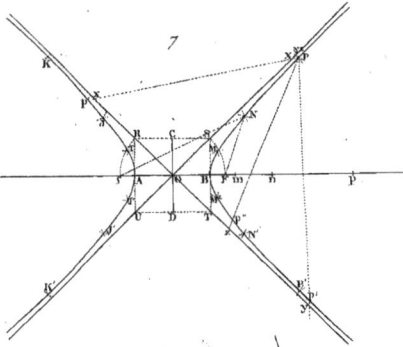

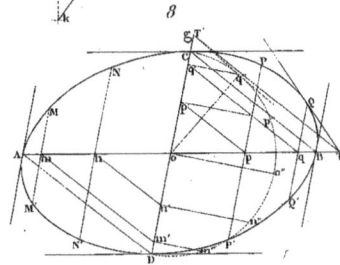

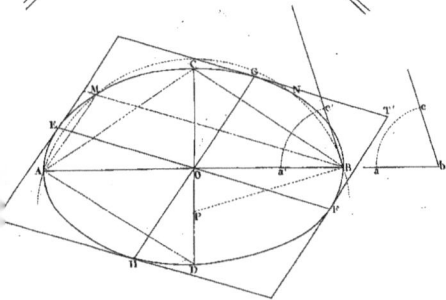

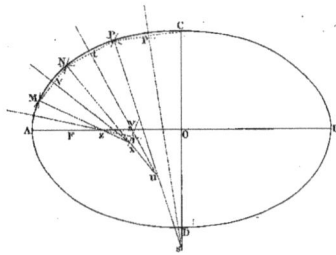

3

4

7

8

11

12

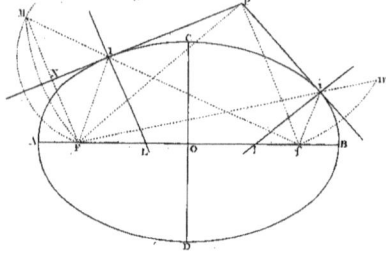

Fig. 13.

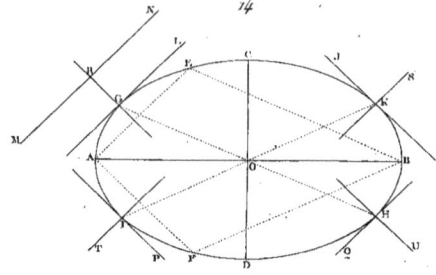

14

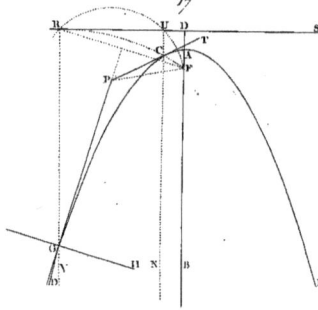

17

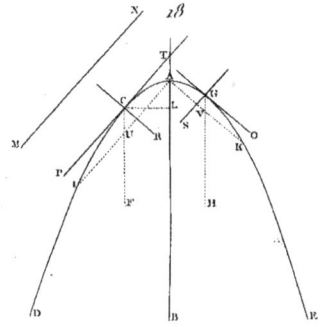

18

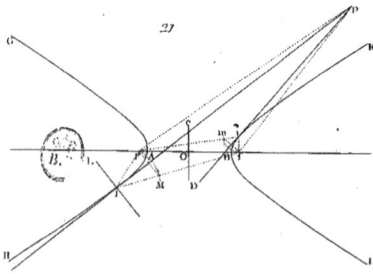

21

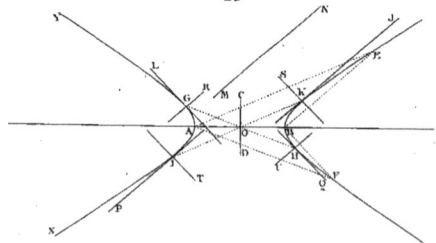

22

15

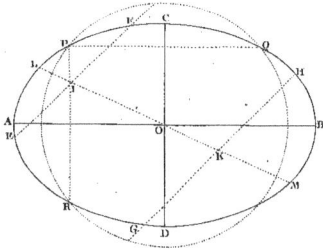

16

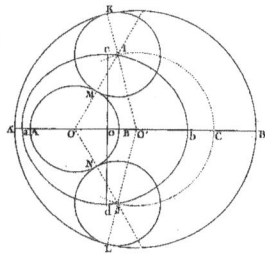

19

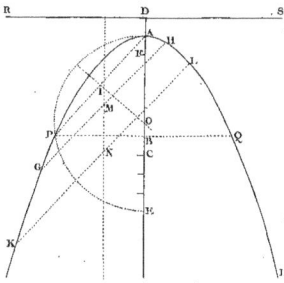

20

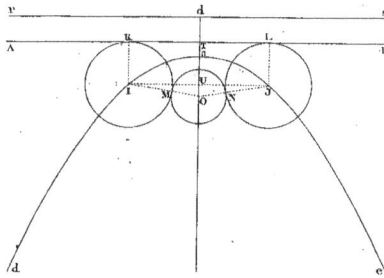

23

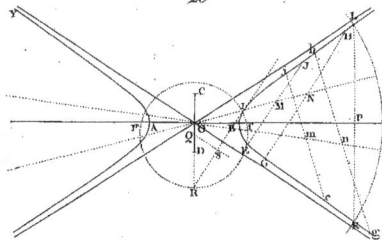

24

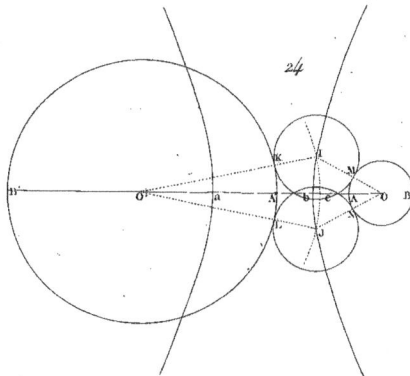

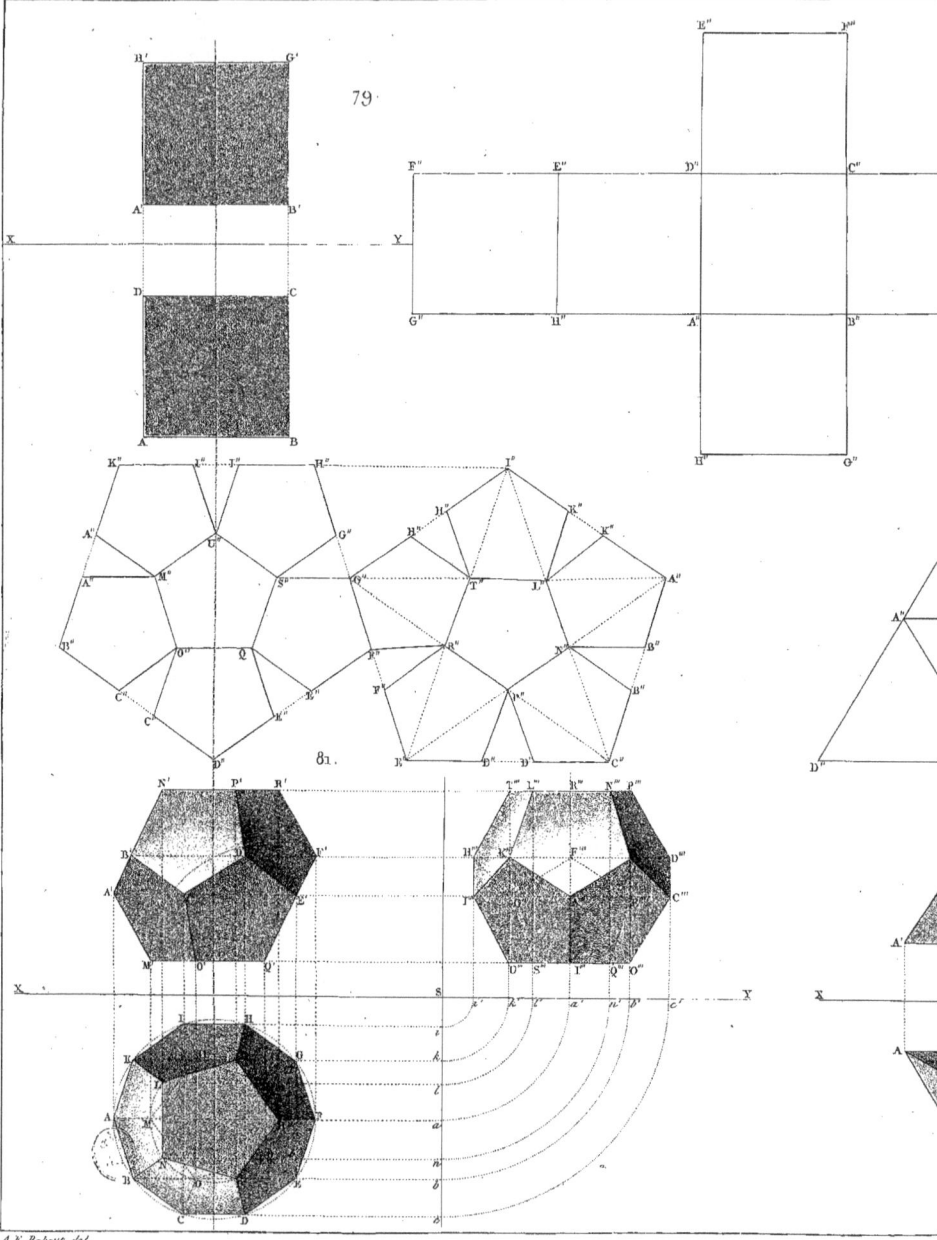

79

81.

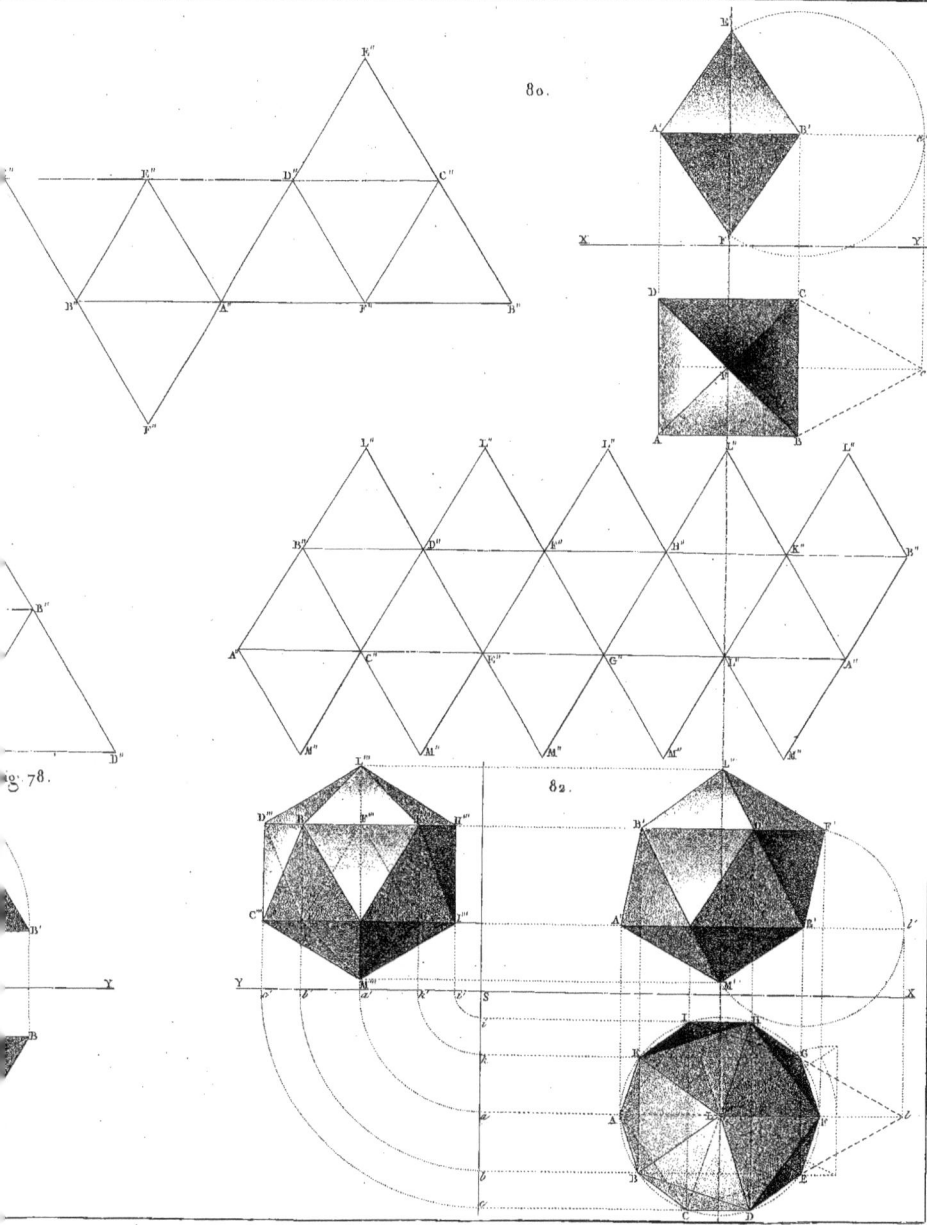

Pl. 10.

80.

82.

Fig. 1.

Fig. 9.
0.278

Fig. 7.

Fig. 2.

Fig. 11.
0.169

Fig. 10.

Fig. 17.

Fig. 8.

Base Chapiteau et Entablement Toscan .

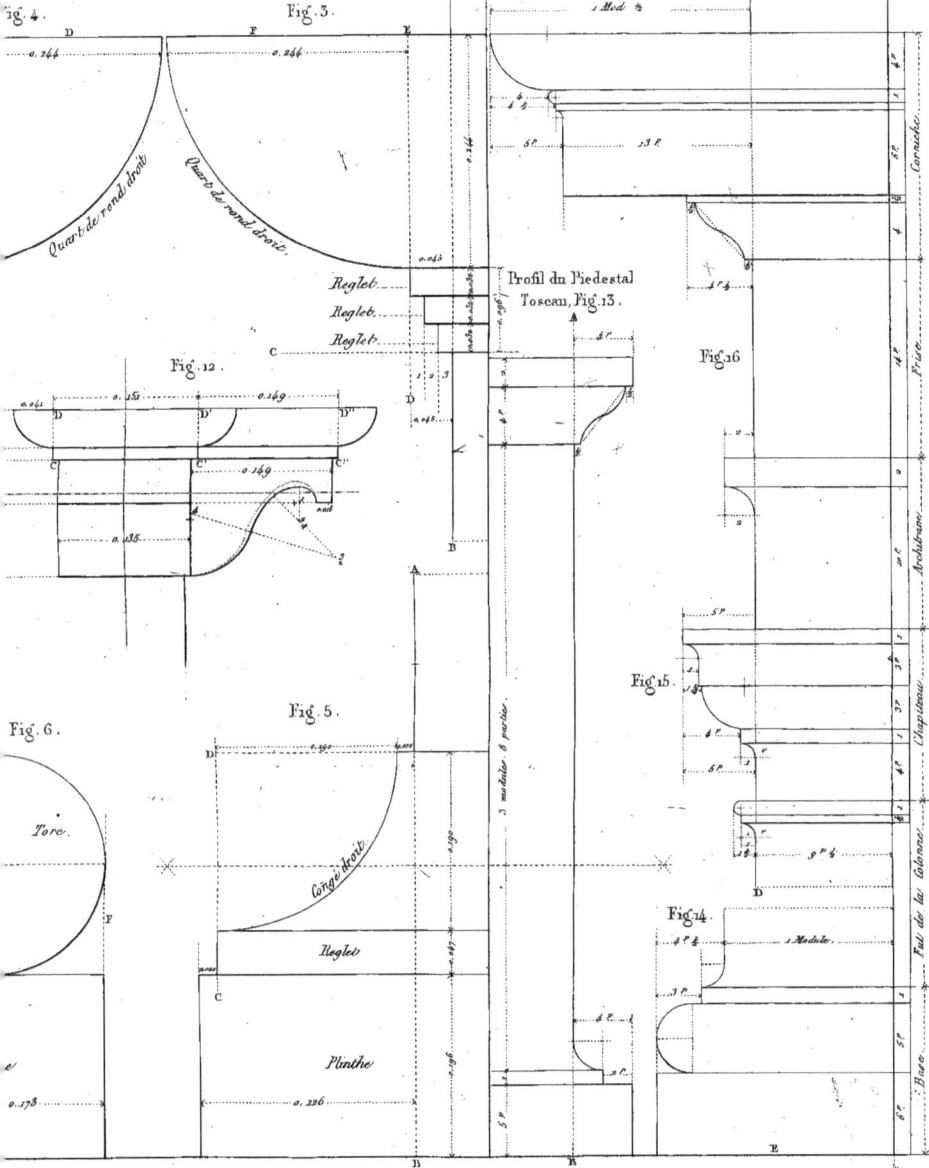

Fig . 4 . Fig . 3 .

D E E 1 Mod ½

0. 244 0. 244

Quart de rond droit. Quart de rond droit. Corniche.

0.045

Reglet. Profil du Piedestal
Reglet. Toscan, Fig. 13 .
Reglet. Frise.
C

Fig. 12 . Fig. 16

0.041 0.151 0.169
D D' D"
C C' C" D
0.169

0. 035 Architrave.

0. 135 Chapiteau.

D Fig. 15

Fig. 6 . Fig. 5 .

D'

Torc . Fut des Colonnes.

Congé droit.

F Fig. 14

C Reglet. 1 Module.

Plinthe

0.173 0.226 Base.

B

Echelle du 2 modules
Fig. 18 .

70 80 90 1 mètre

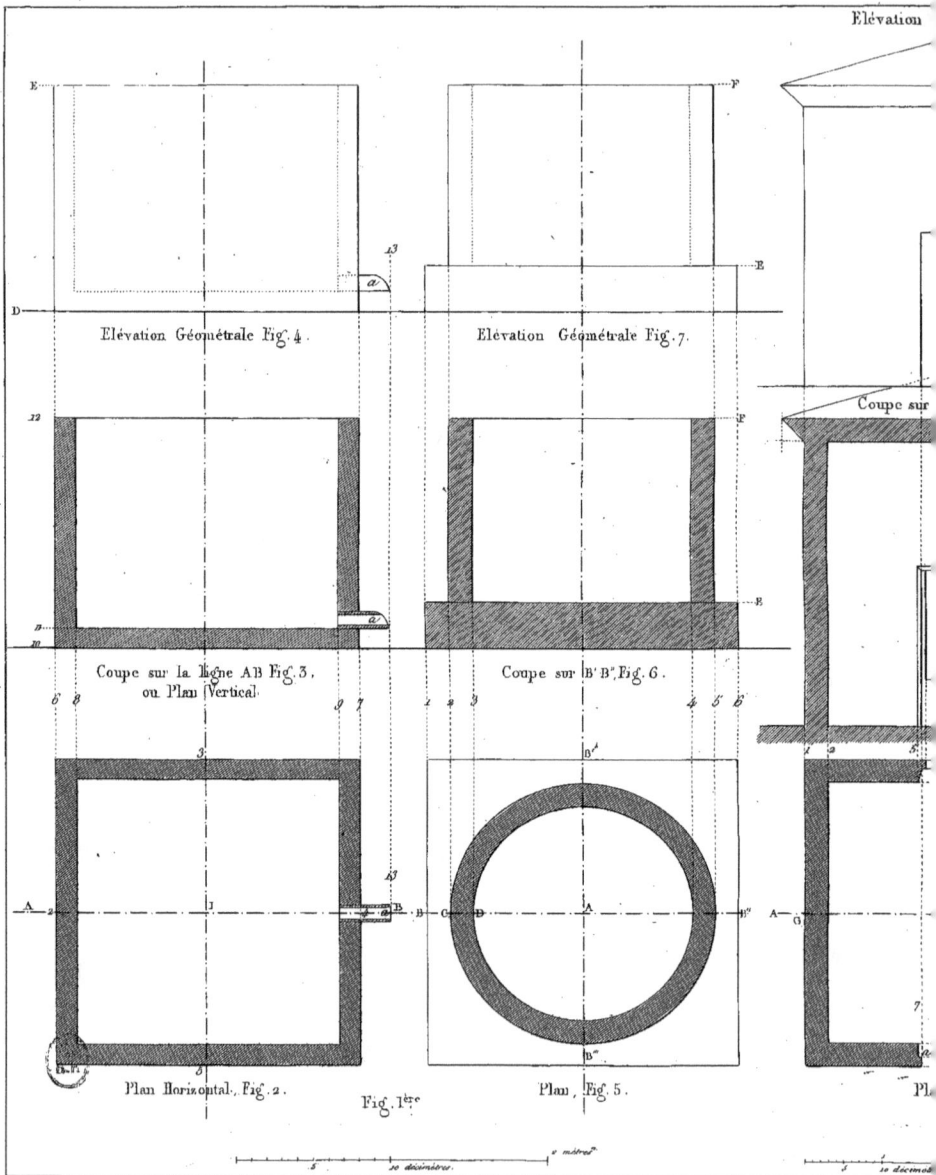

Elévation

E ⋯ F

D

Elévation Géométrale Fig. 4.

Elévation Géométrale Fig. 7.

Coupe sur

Coupe sur la ligne AB Fig. 3.
ou Plan Vertical.

Coupe sur B'B". Fig. 6.

Plan Horizontal. Fig. 2.

Fig. 1ère.

Plan. Fig. 5.

Pl

RE

s Élévations.

Pl. 12.

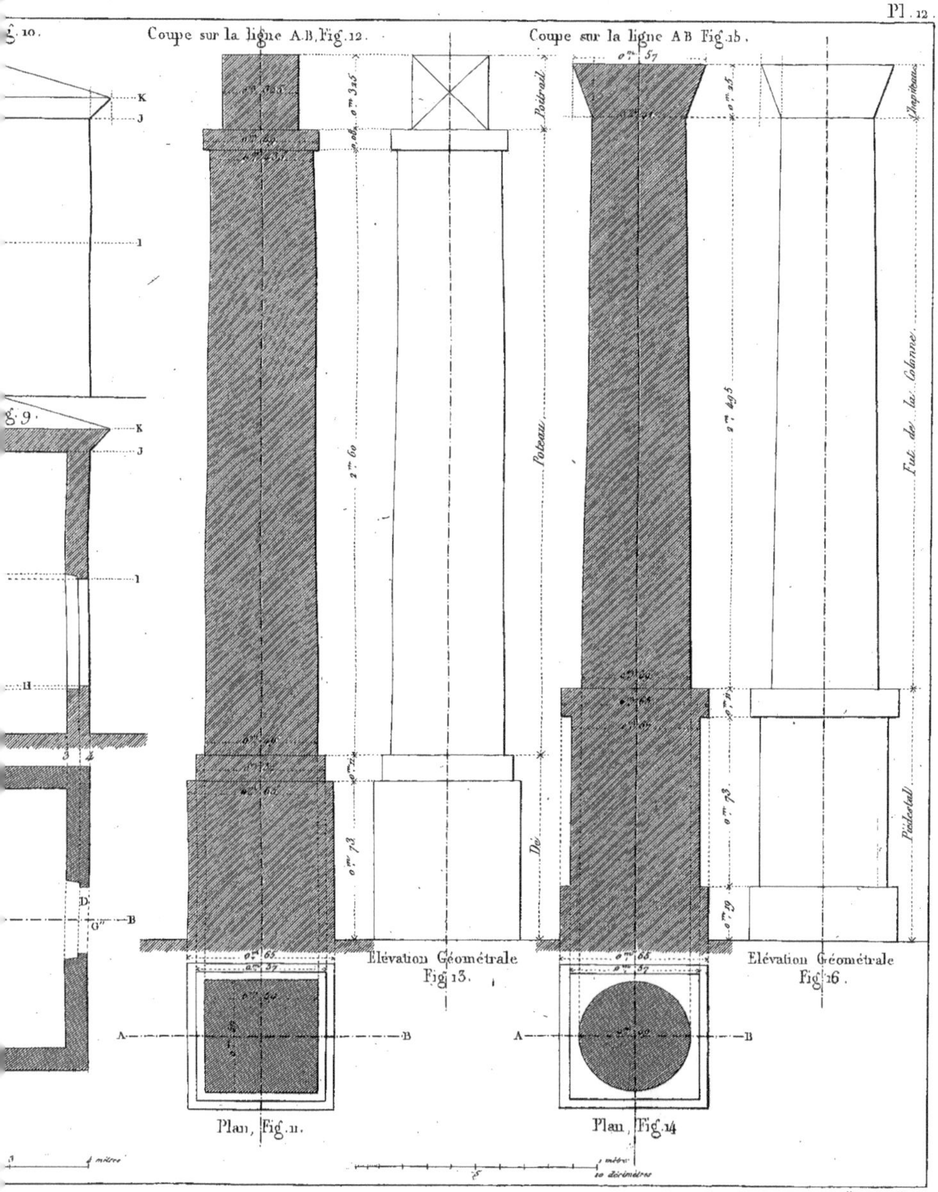

ğ. 10.
Coupe sur la ligne A.B, Fig. 12.
Coupe sur la ligne AB Fig. 15.
g. 9.
Poitrail
Poteau
Dé
Chapiteau
Fut de la Colonne
Piédestal
Élévation Géométrale Fig. 13.
Élévation Géométrale Fig. 16.
Plan, Fig. 11.
Plan, Fig. 14

Normand fils sc.

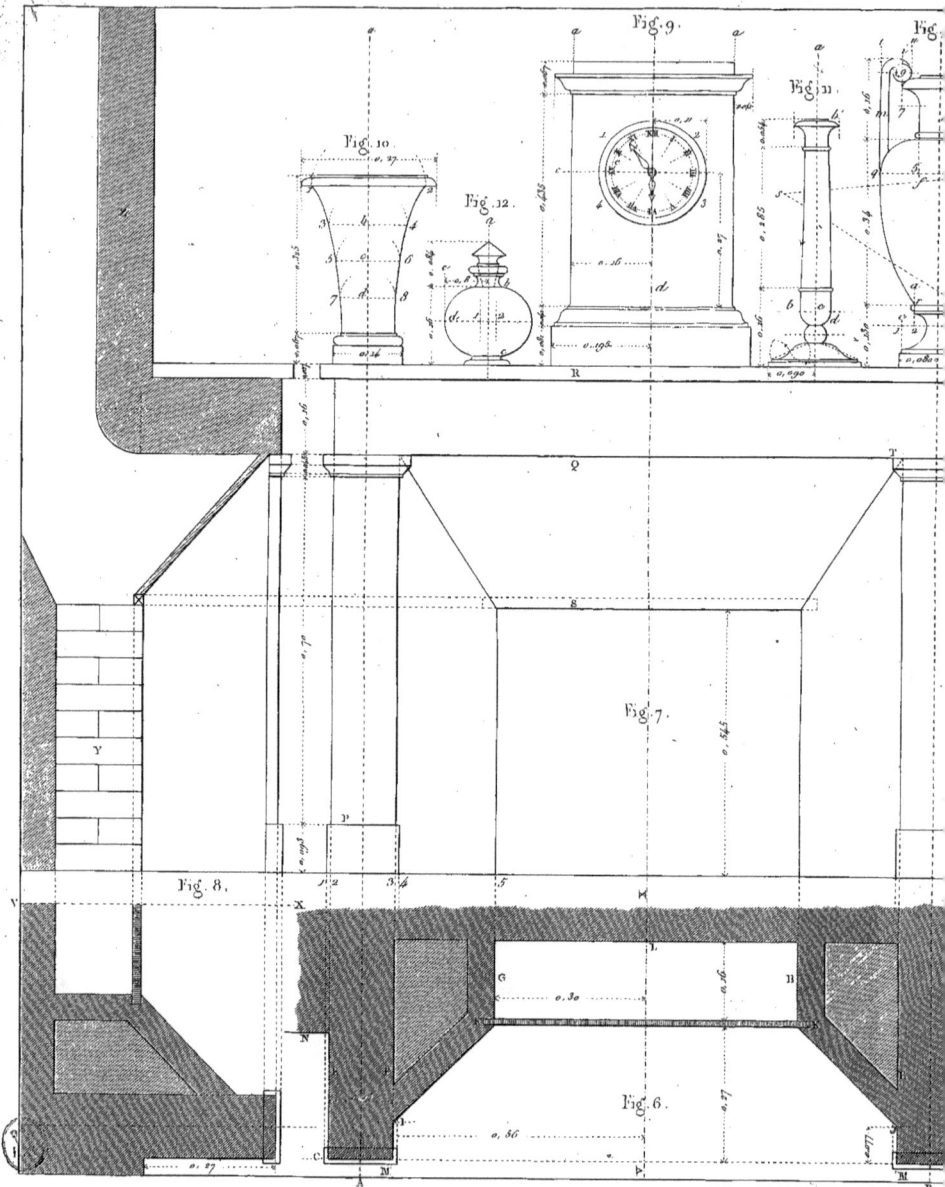

Fig. 9.

Fig. 11.

Fig.

Fig. 10.

Fig. 12.

R

Q

T

Fig. 7.

Fig. 8.

Fig. 6.

Y

Pl.13.

Fig. 14.

Fig. 5.

Fig. 4.

Fig. 2.

Fig. 3.

Fig. 1ère.

Normand fils sc.

Echelle pour les Fig. 1.2.3.4.5 et 14.

0	1	2	3	4	5	6	7	8	9	10 Décimètres
0	10	20	30	40	50	60	70	80	90	1 Mètre
										100 Centimètres.

Fig. 1ère

Fig. 3.

Fig. 10.

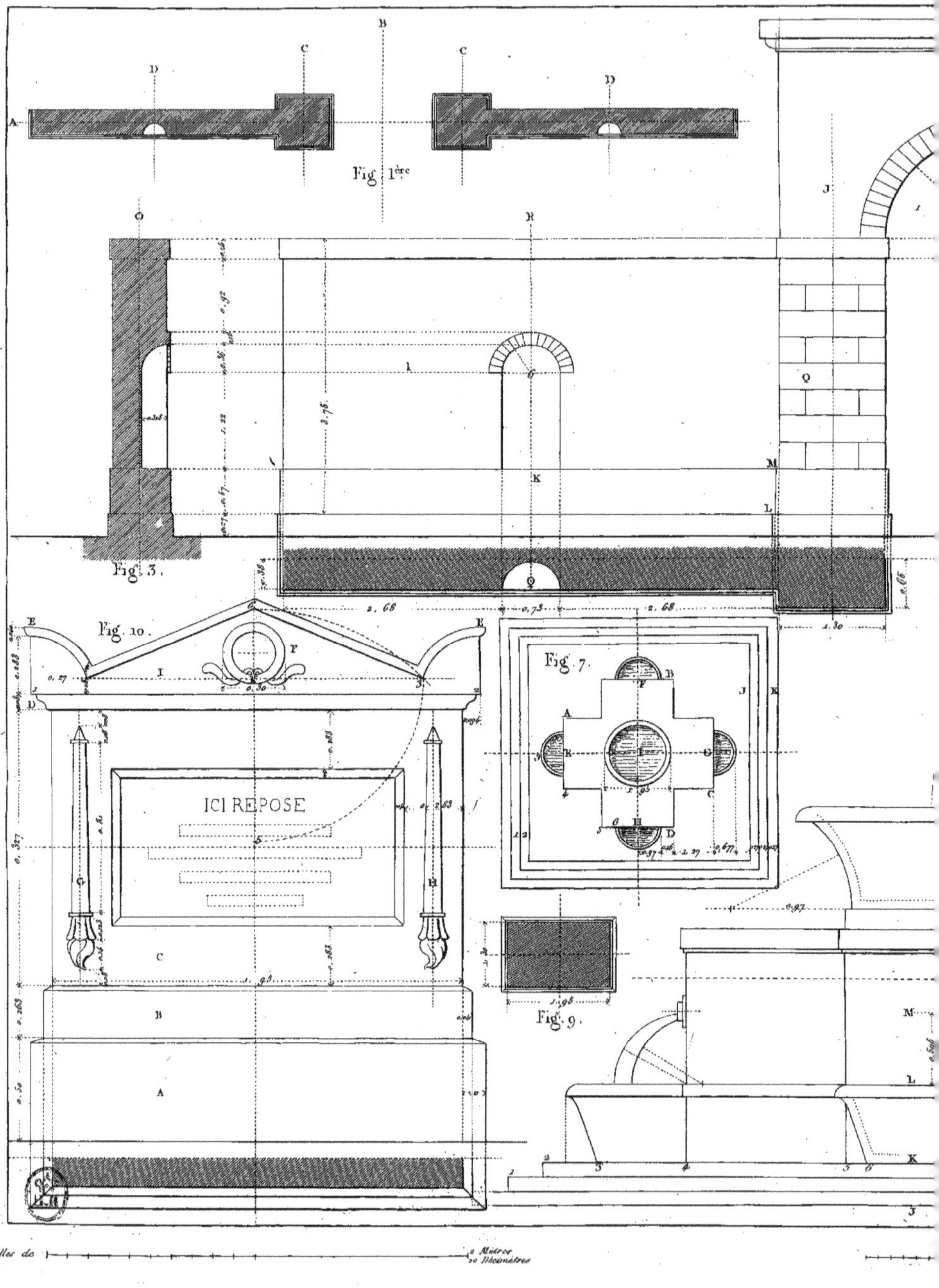

Fig. 7.

Fig. 9.

ICI REPOSE

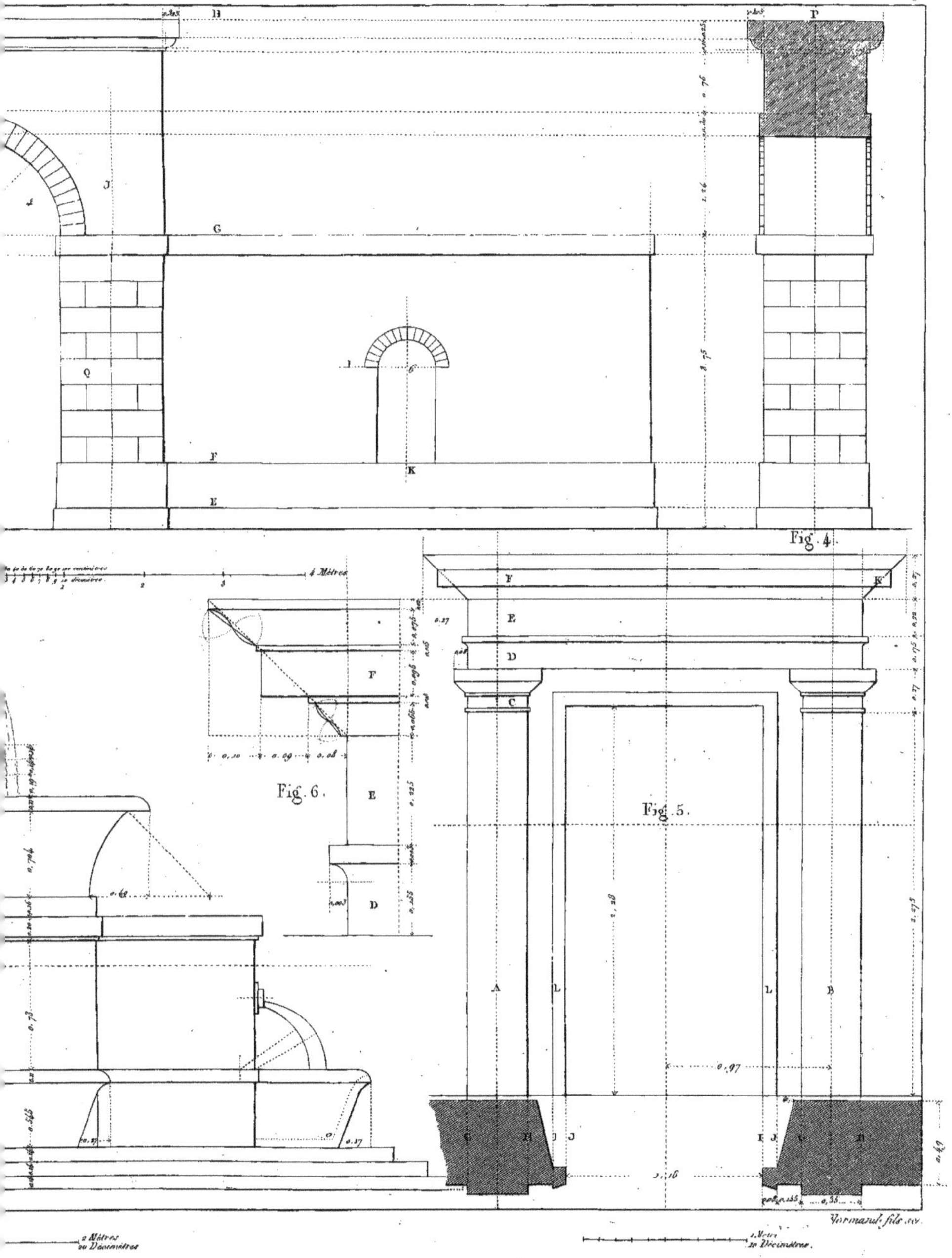
Fig. 4.
Fig. 5.
Fig. 6.
4 Mètres
2 Mètres ou Décimètres
1 Mètre 10 Décimètres
Normand fils sc.

Fig. 3.

Fig. 2.

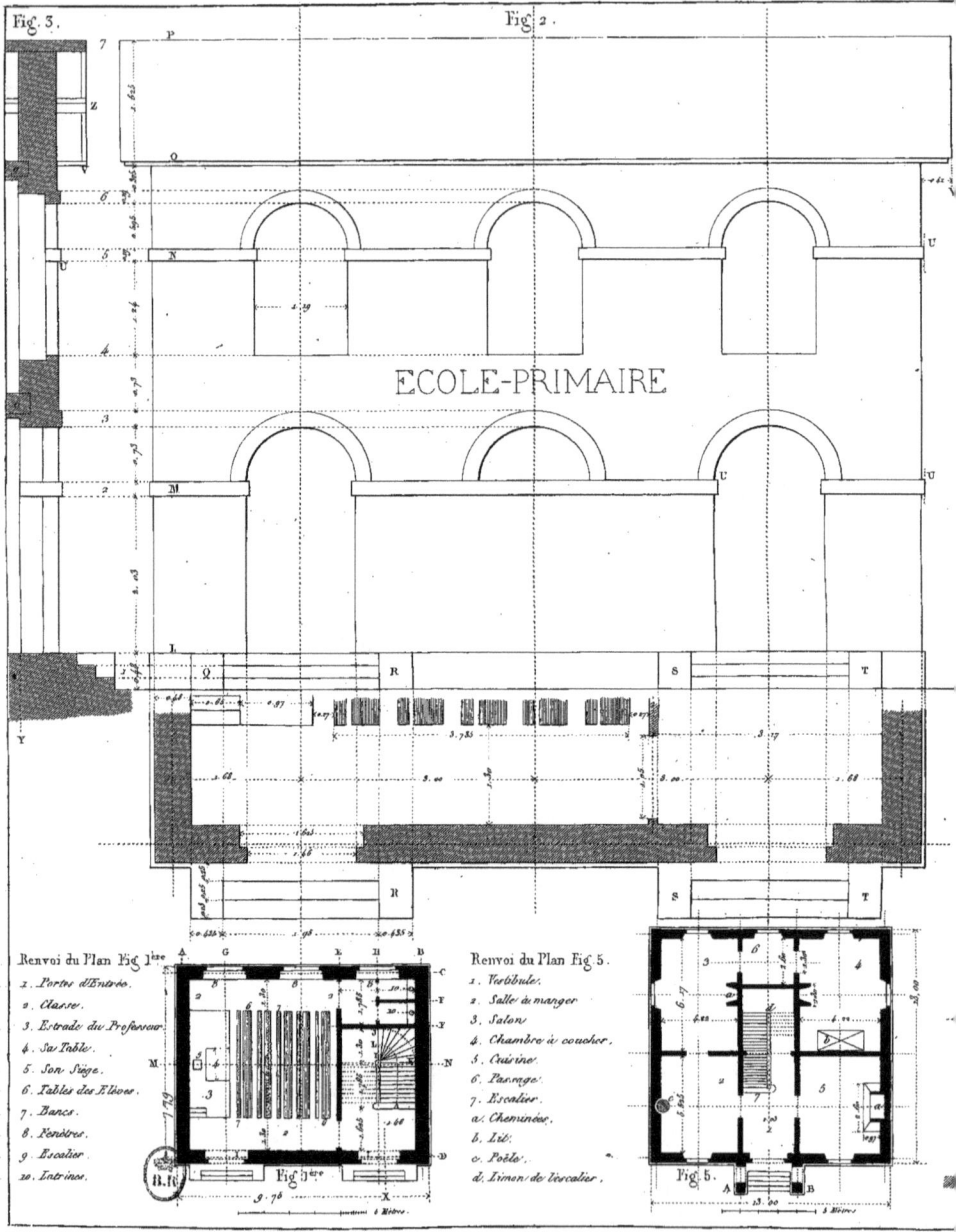

ECOLE-PRIMAIRE

Renvoi du Plan Fig. 1ère.
1. Portes d'Entrée.
2. Classe.
3. Estrade du Professeur.
4. Sa Table.
5. Son Siége.
6. Tables des Elèves.
7. Bancs.
8. Fenêtres.
9. Escalier.
10. Latrines.

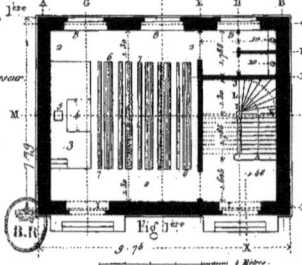

Renvoi du Plan Fig. 5.
1. Vestibule.
2. Salle à manger.
3. Salon.
4. Chambre à coucher.
5. Cuisine.
6. Passage.
7. Escalier.
a. Cheminées.
b. Lit.
c. Poêle.
d. Limon de l'escalier.

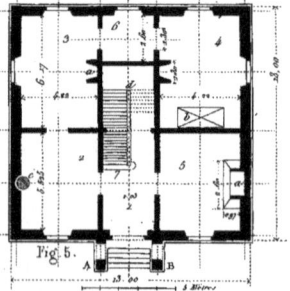

Fig. 1ère.

Fig. 5.

Echelles de

6 Mètres pour l'élévation.

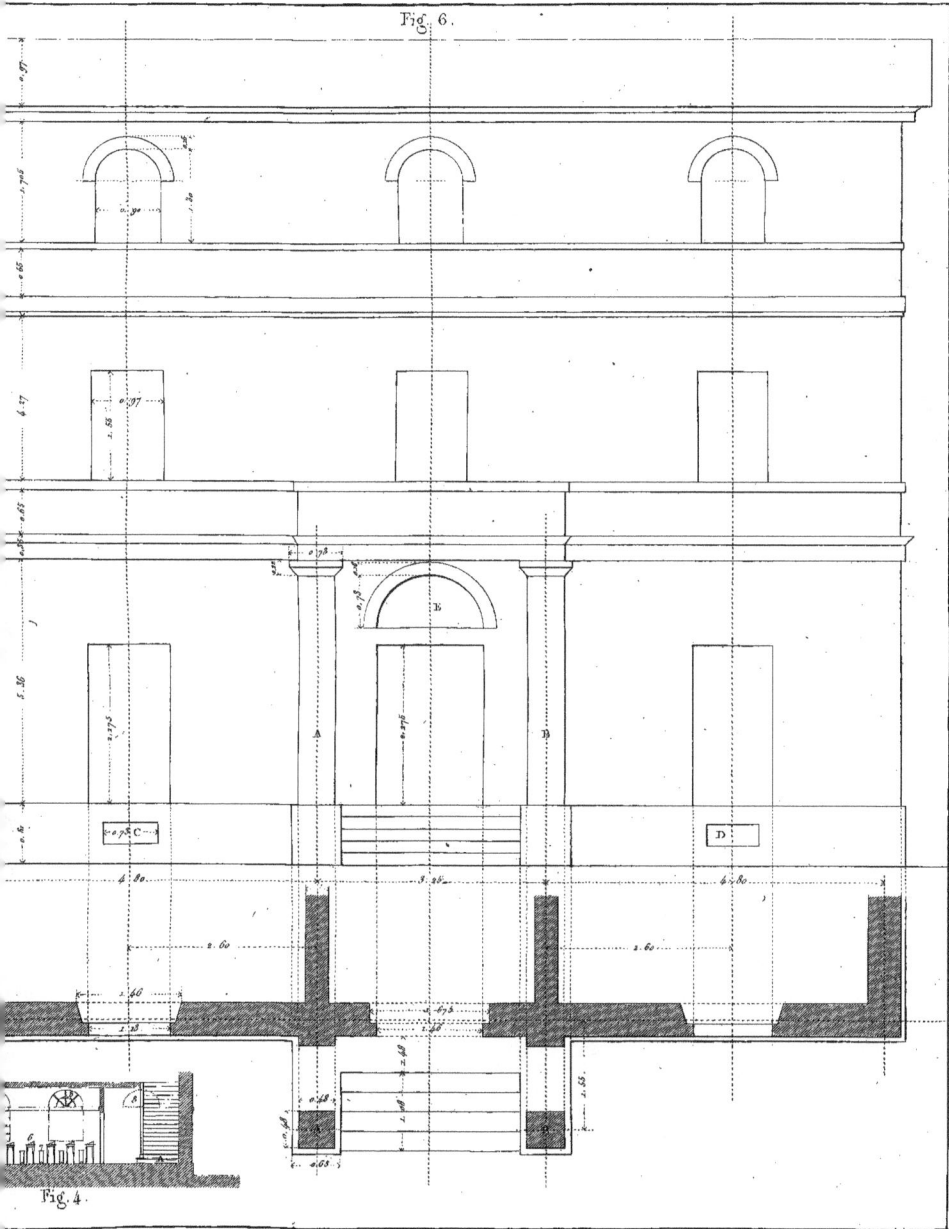

Fig. 6.

Fig. 4.

Fig. 7.

Fig. 3.

Fig. 5.

Fig. 8.

Fig. 9.

Profil

Fig.

Fig. 12.

Fig. 3.

Fig. 1re.

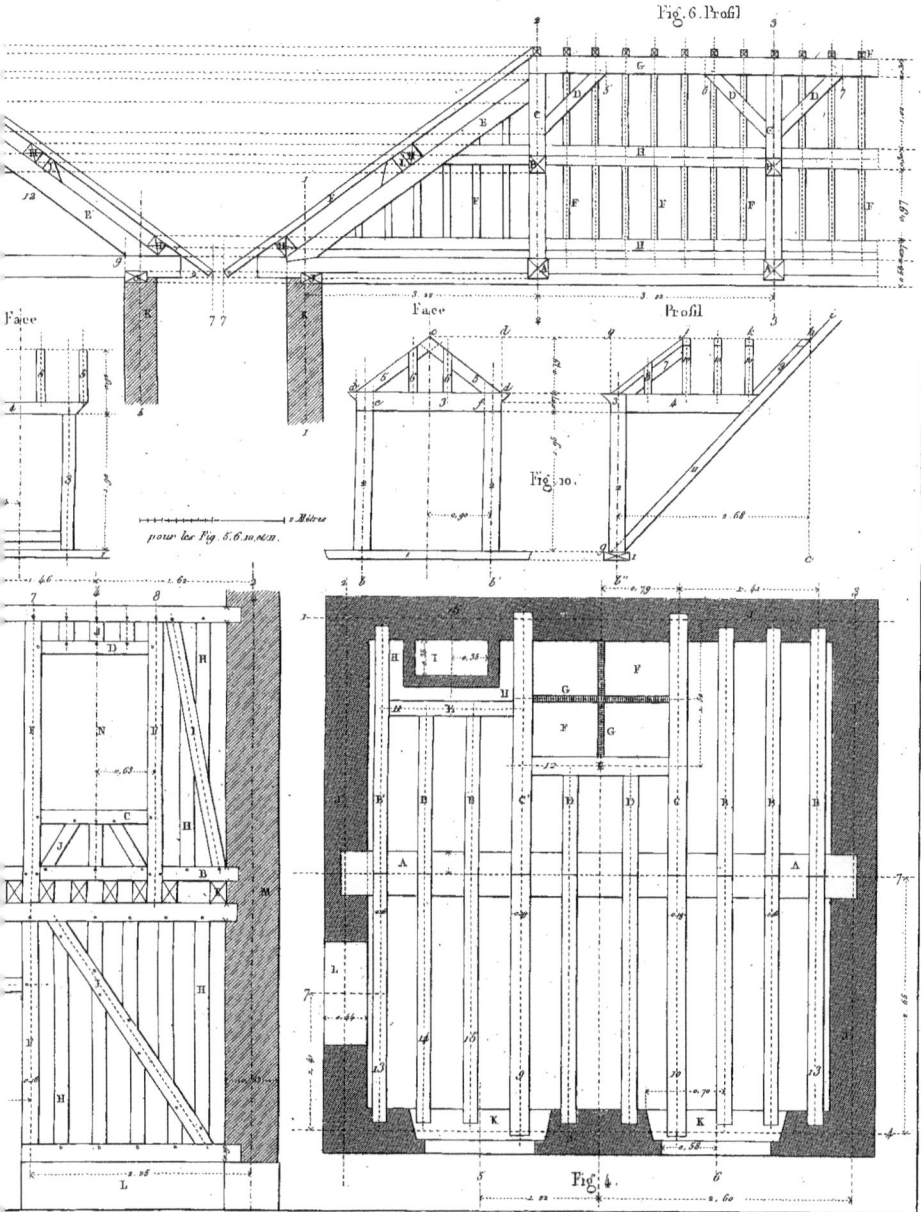

Fig. 6. Profil

Face

Profil

Face

Profil

Fig. 10.

pour les Fig. 5. 6. 10. et 11.

1 Mètre

Fig. 4.

1 M. pour les Fig. 2. et 4.

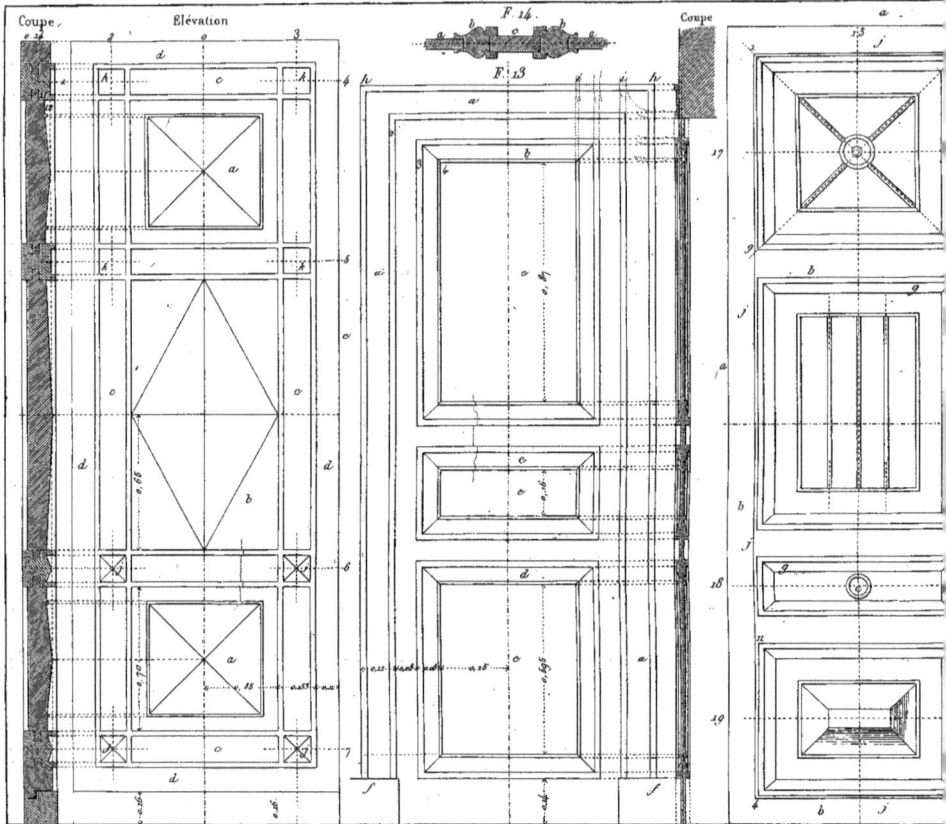

Coupe.   Elévation   F. 14.   Coupe

F. 13.

Fig. 30 bis   Fig. 10.

Echelle de

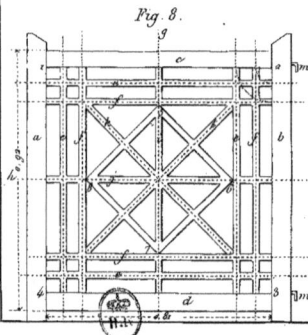

Fig. 8.

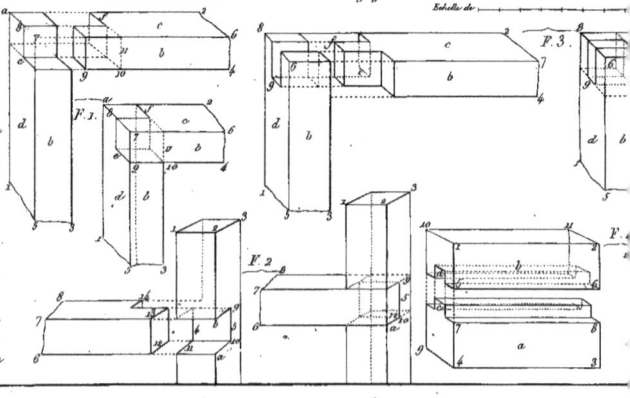

F. 3.

F. 1.

F. 2.

Echelle de

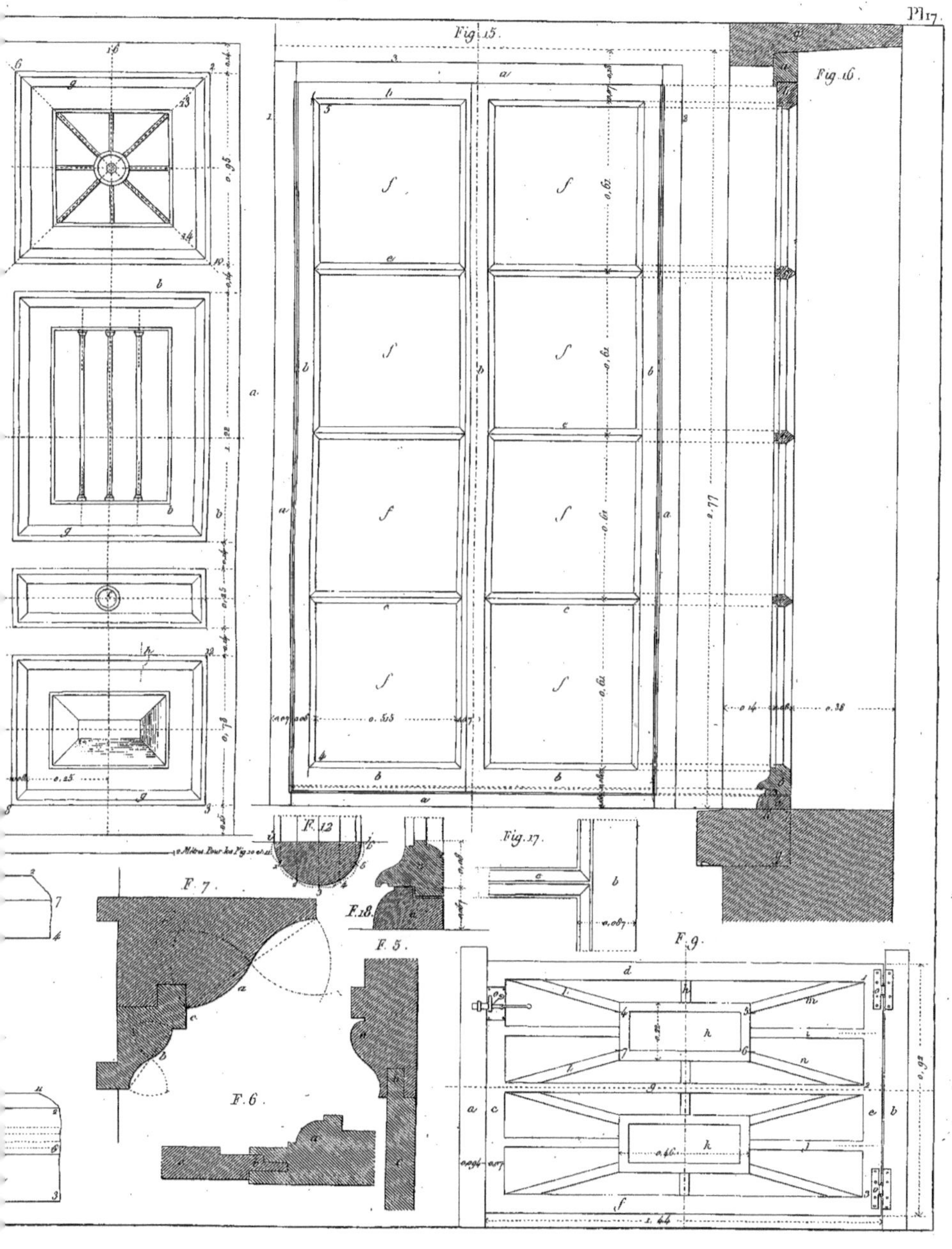

Fig. 15.

Fig. 16.

F. 12.

F. 7.

Fig. 17.

F. 18.

F. 5.

F. 9.

F. 6.

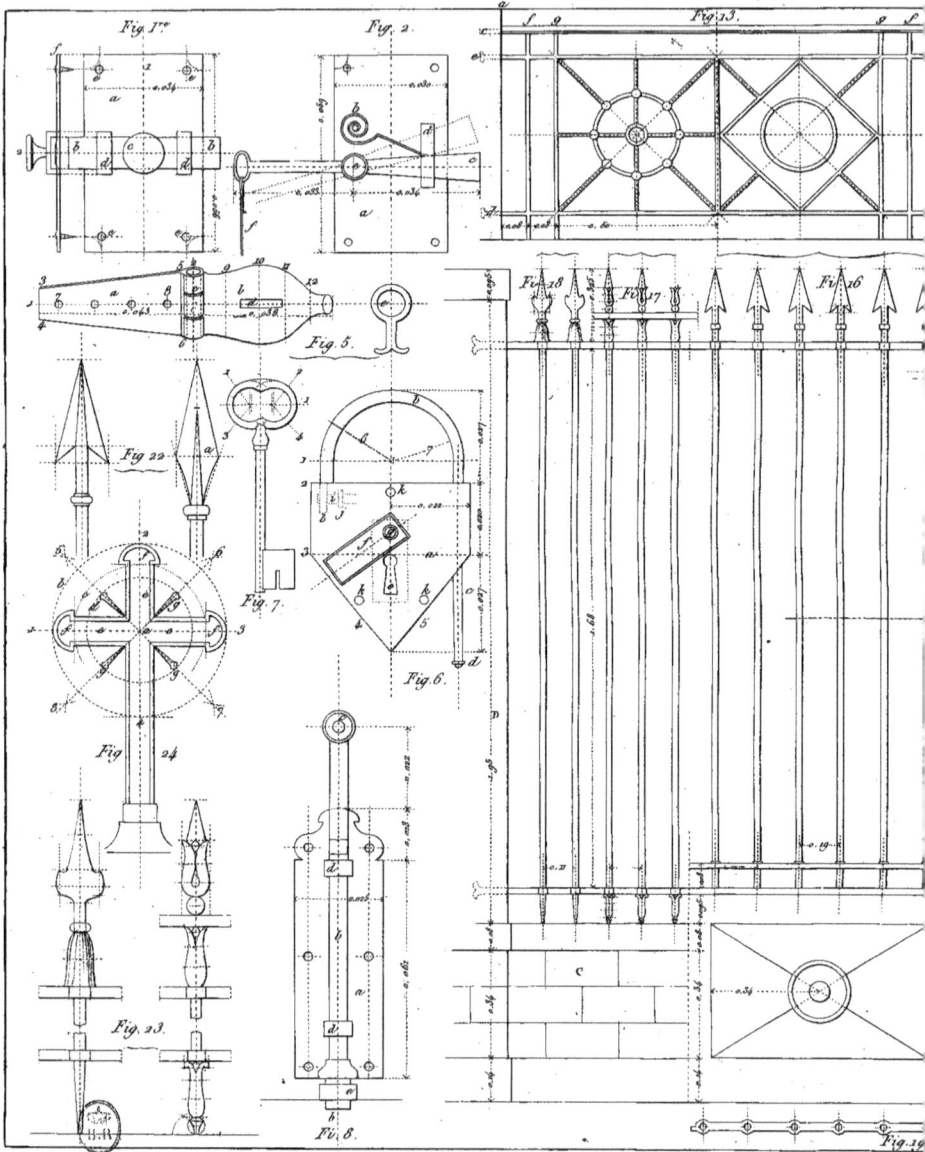

Fig. 1.ʳᵉ

Fig. 2

Fig. 13

Fig. 5

Fig. 22

Fig. 7

Fig. 6

Fig. 24

Fig. 18 Fig. 17 Fig. 16

Fig. 23

Fig. 8.

Fig. 19

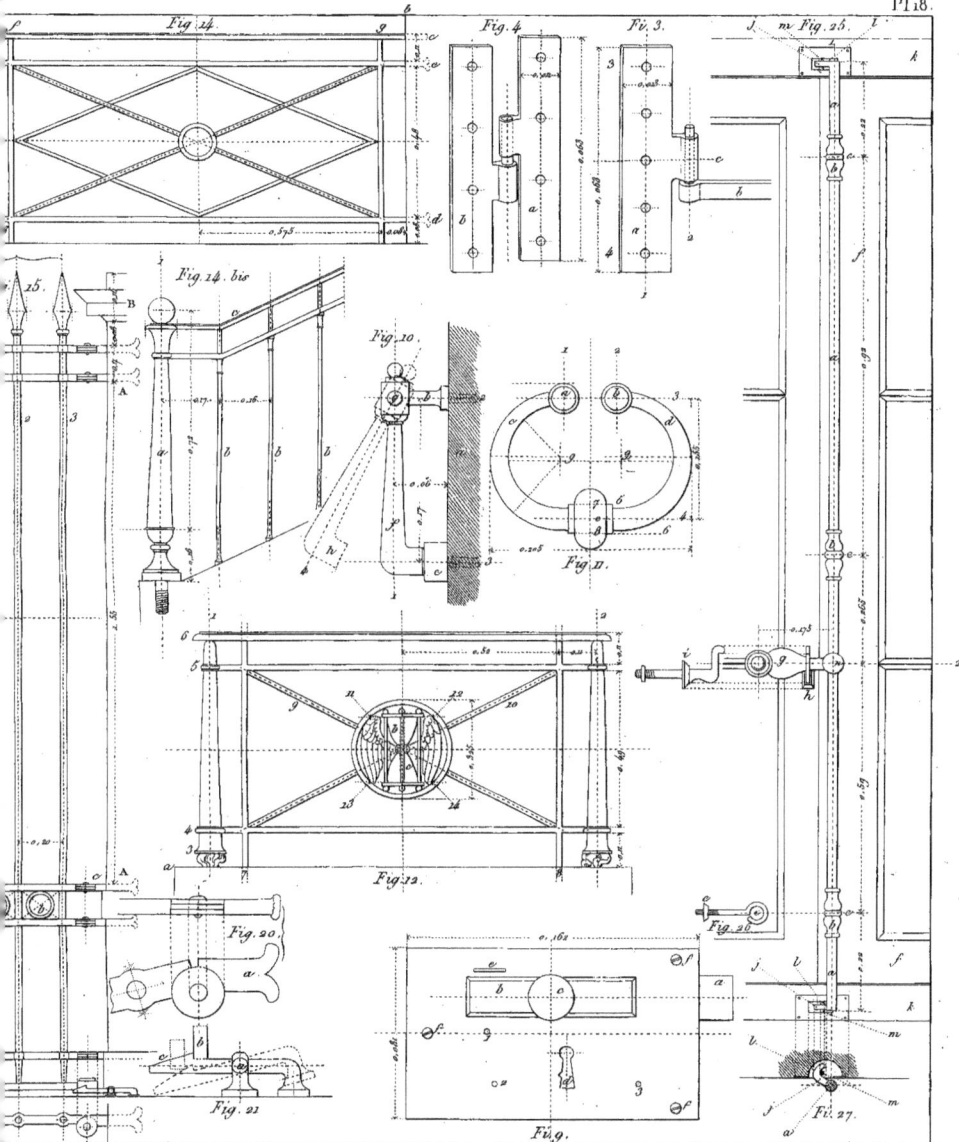

Fig. 14.

Fig. 4.

Fi. 3.

Fig. 25.

Fig. 14. bis

Fig. 10.

Fig. 11.

Fig. 12.

Fig. 20.

Fig. 26.

Fig. 21.

Fig. 9.

Fi. 27.

Normand fils sc.

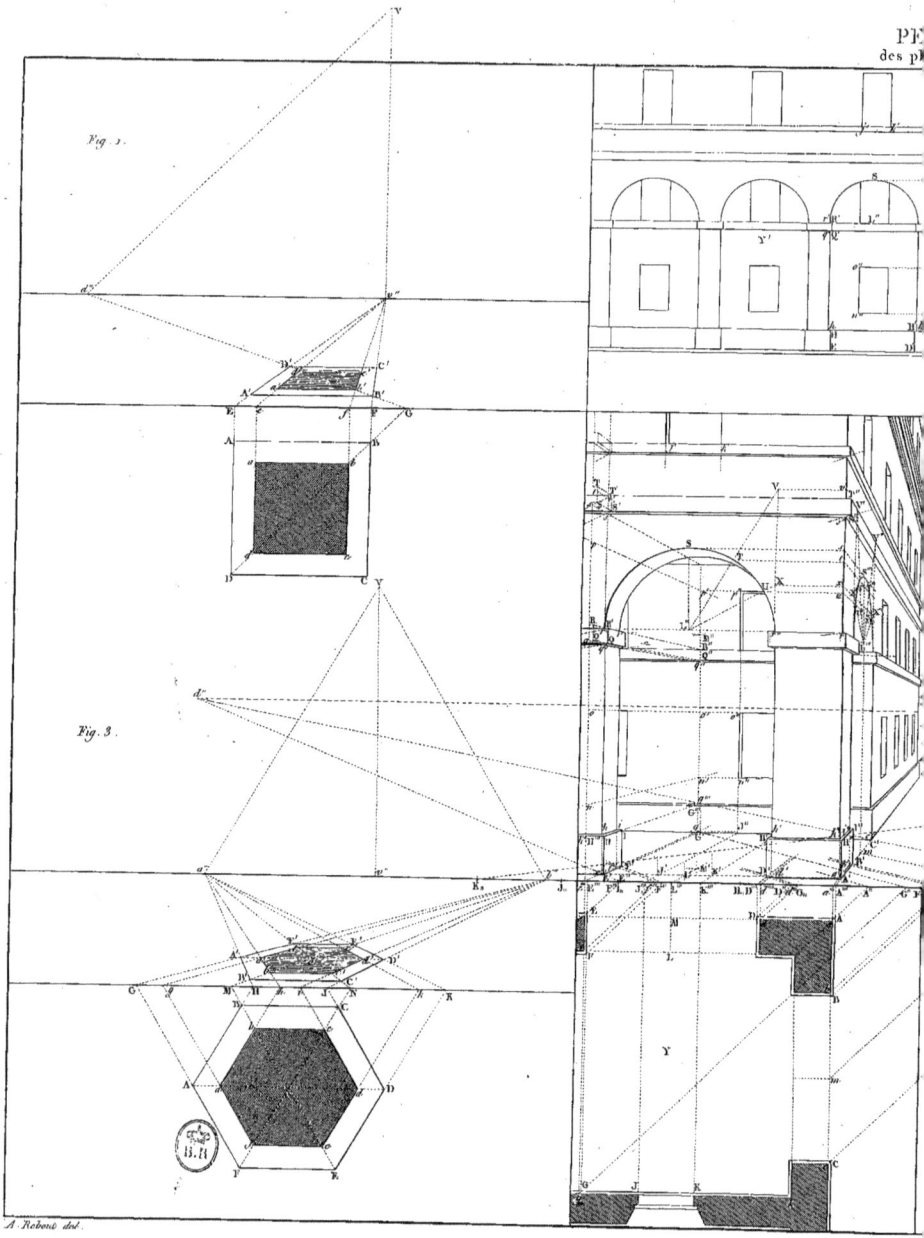

Fig. 1.

Fig. 3.

A. Rebout del.

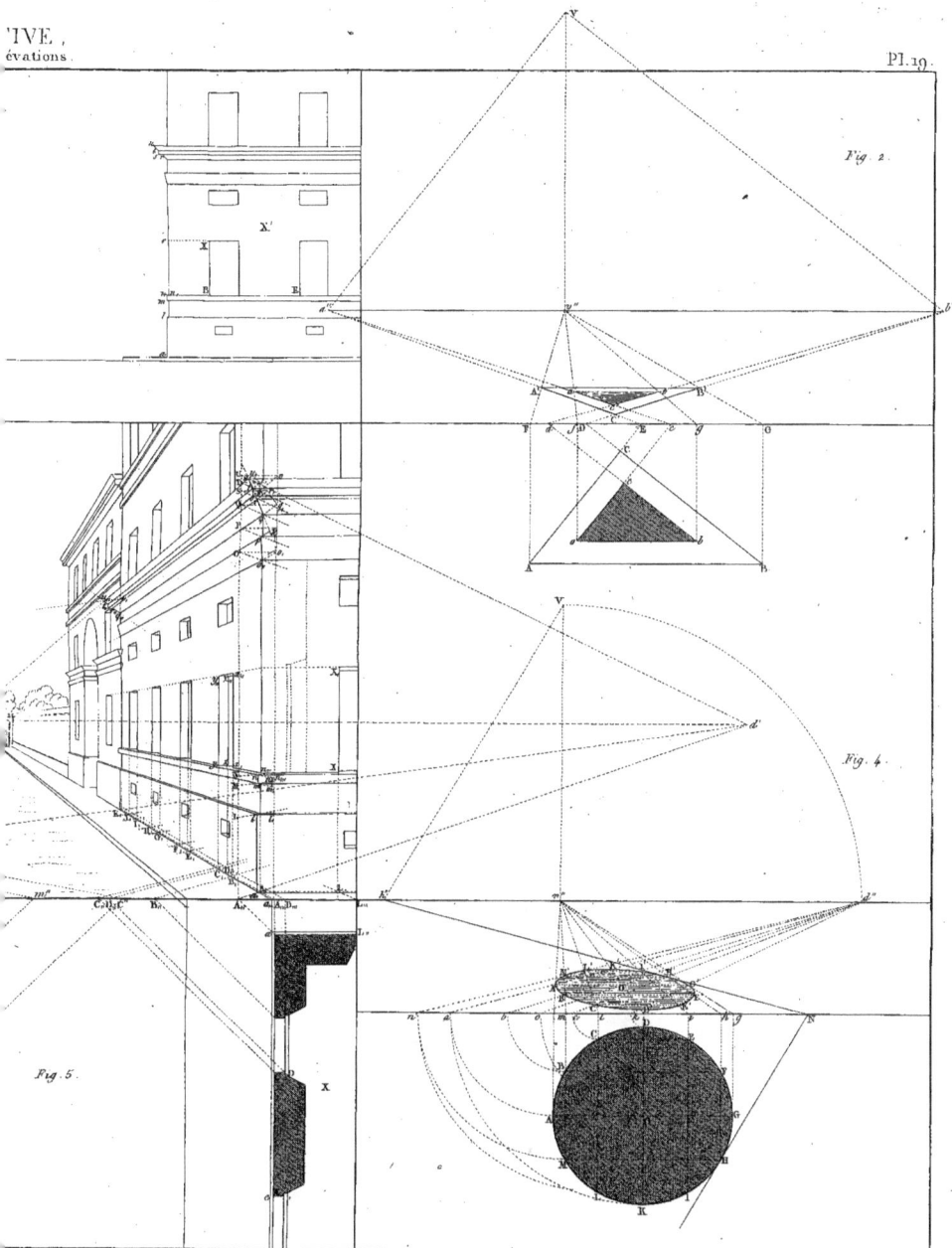

Fig. 2.

Fig. 4.

Fig. 5.

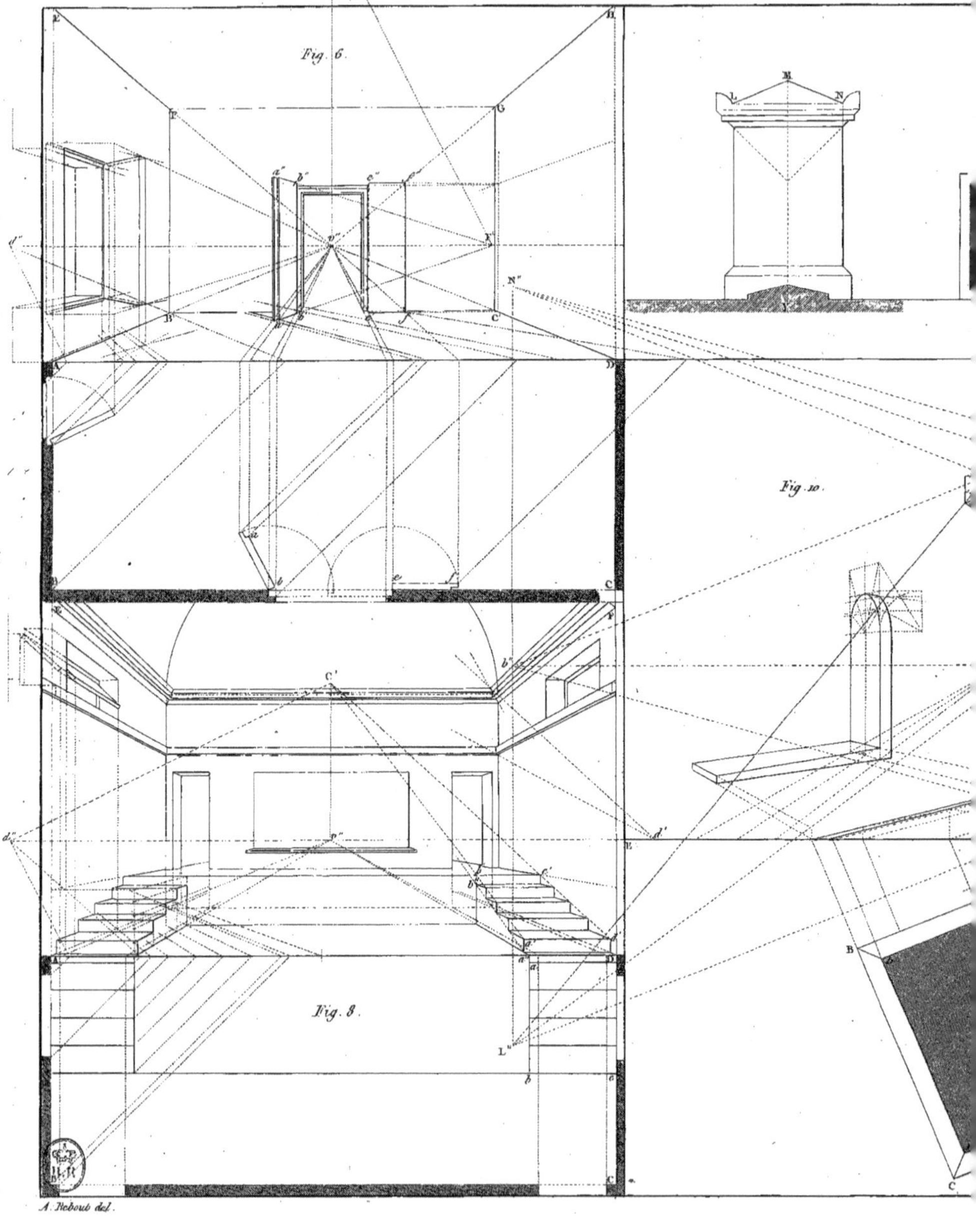

Fig. 6.

Fig. 10.

Fig. 8.

A. Reboul del.

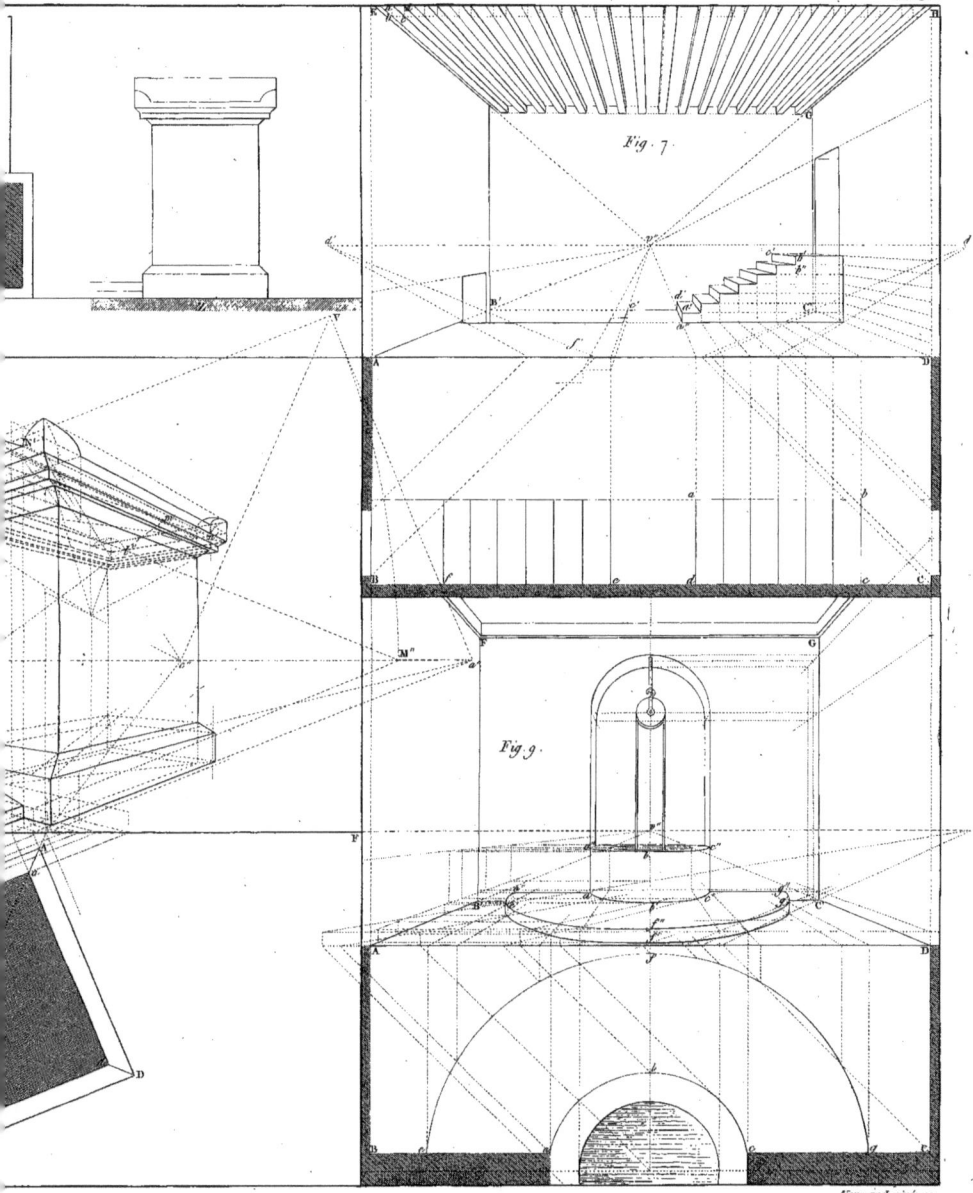

Fig . 7 .

Fig . 9 .

Fig.1.

F.12.

F.13.

F.2.

F.14.

F.11.

F.15.

F.8.

Fig.9.

F. 16.

Fig 3.

F. 4.

Fig. 17.

F. 5.

Fig. 7.

Normand ainé sc.

60   70   80   90   1 mètre
                              100

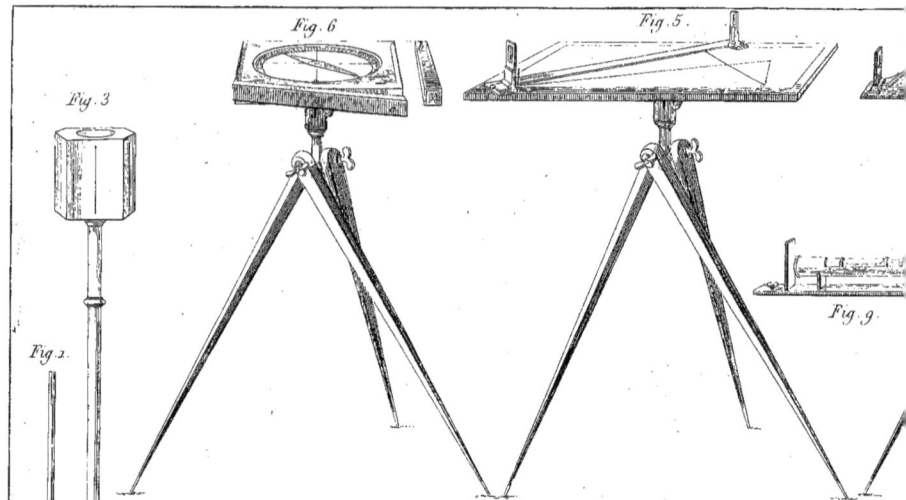

Fig. 3. Fig. 6. Fig. 5. Fig. 9.

Fig. 1.

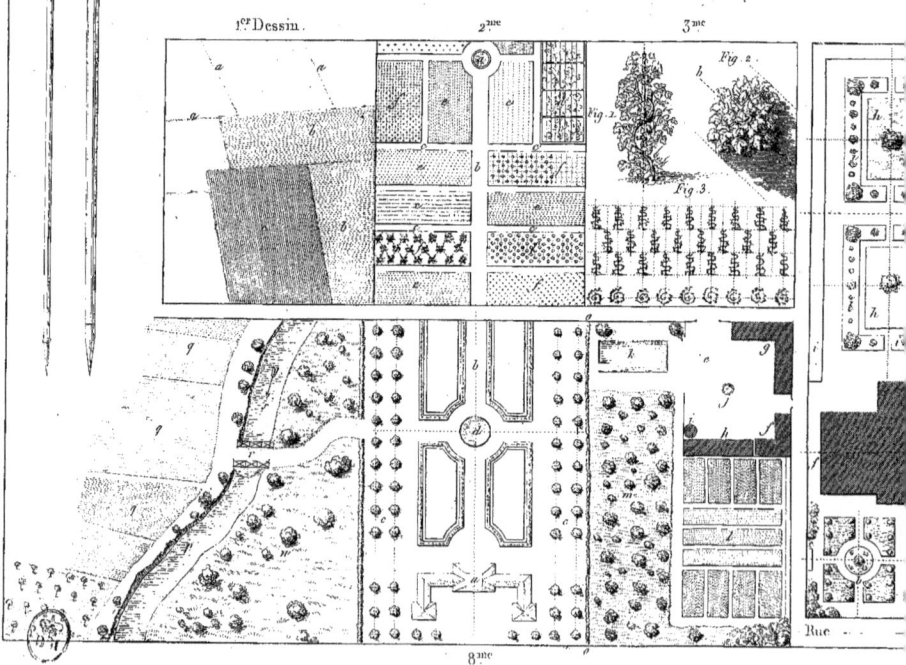

1er Dessin. 2me 3me

Fig. 2.

Fig. 3.

8me

Rue

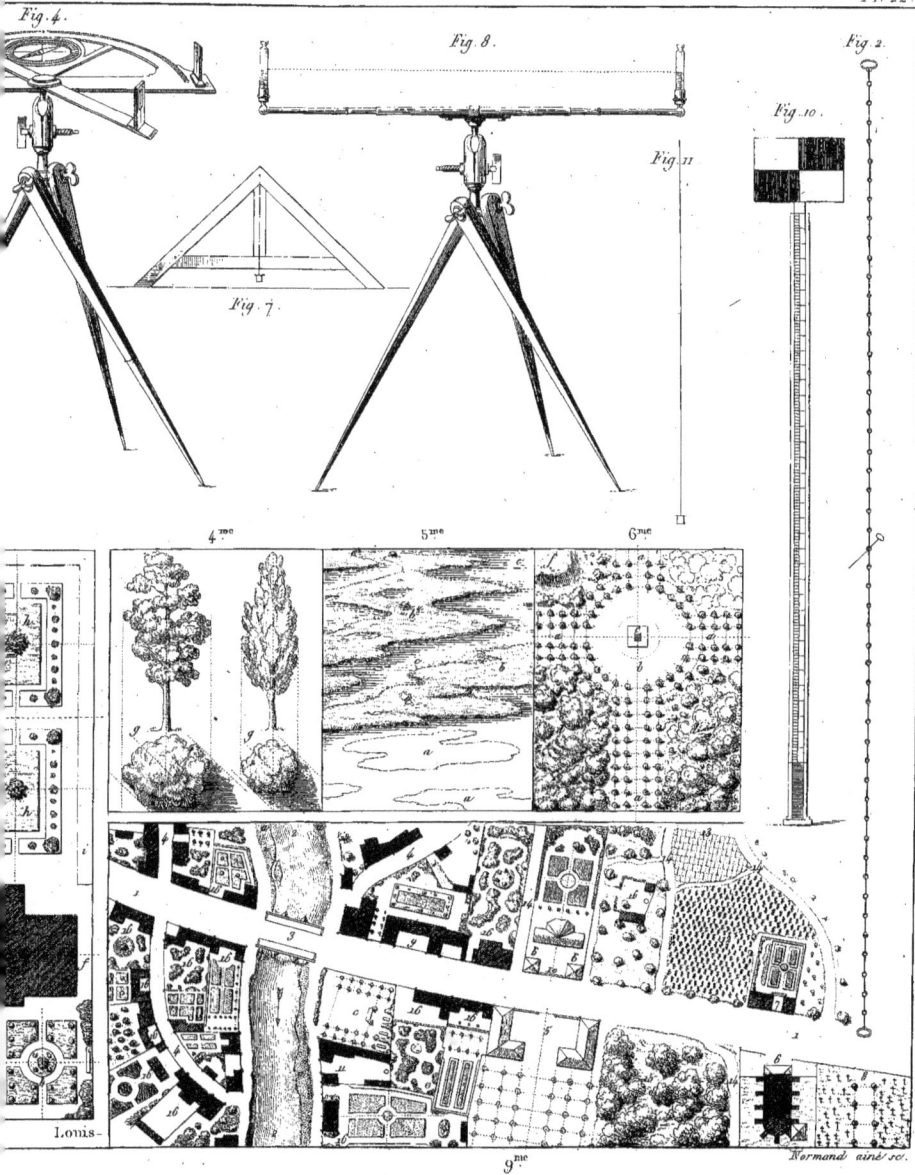

Fig. 4.

Fig. 8.

Fig. 2.

Fig. 10.

Fig. 11.

Fig. 7.

4.me

5.me

6.me

9.me

Louis-

Normand ainé sc.

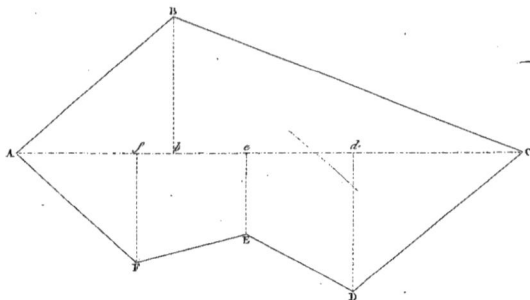

Fig. Iʳᵉ

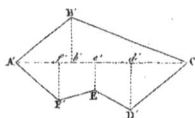

2.

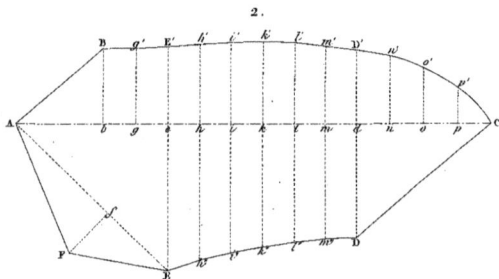

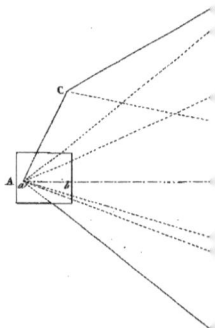

6.

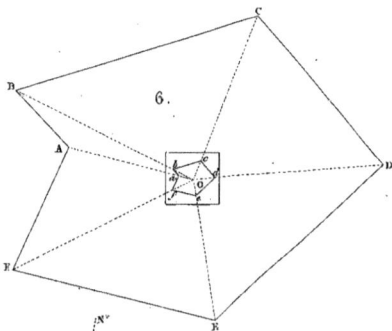

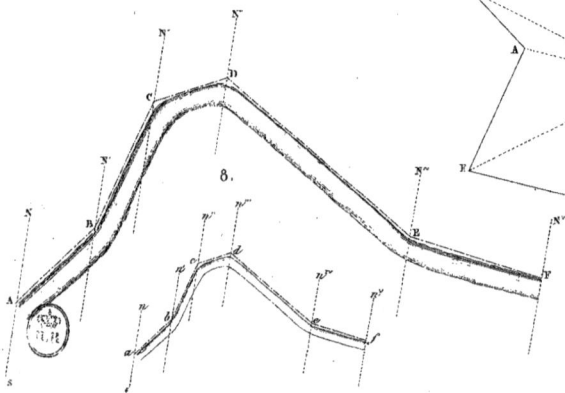

8.

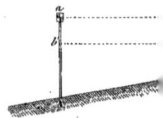

Robent del.

3.

5.

7.

10.

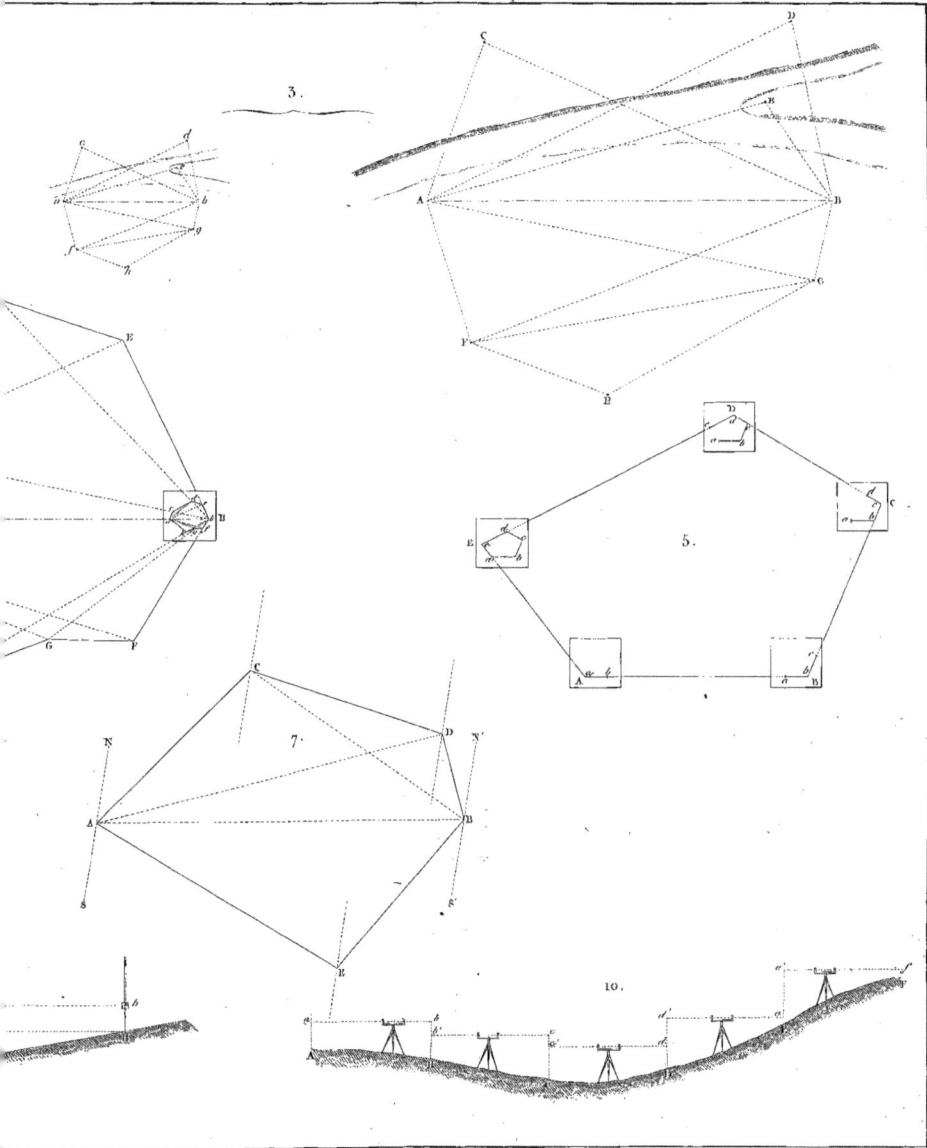

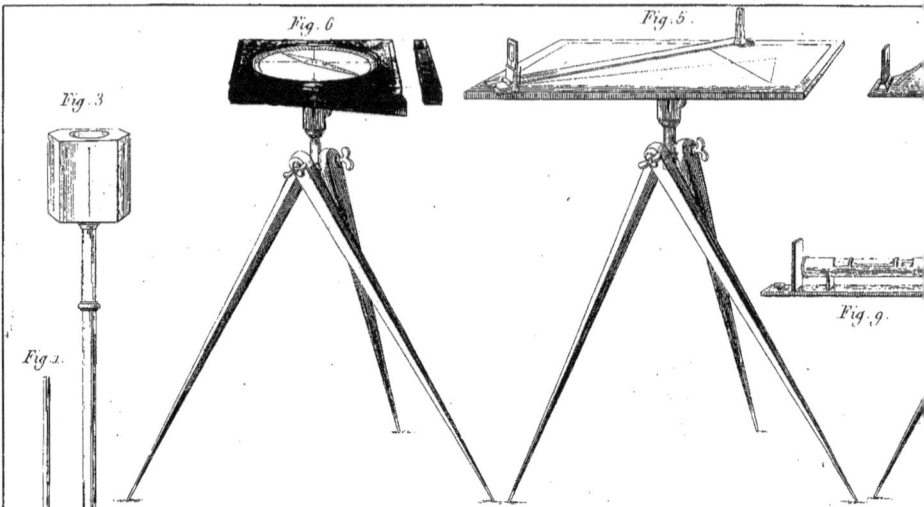

Fig. 6.   Fig. 5.

Fig. 3.

Fig. 9.

Fig. 1.

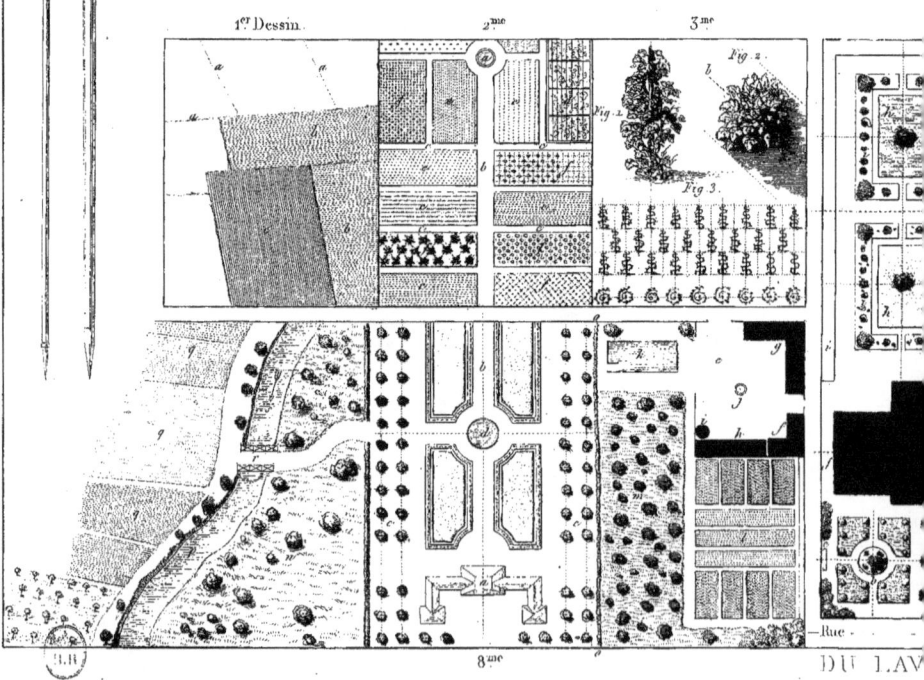

1er Dessin   2me   3me

Fig. 2.

Fig. 1.

Fig. 3.

Rue

8me   DU LAV

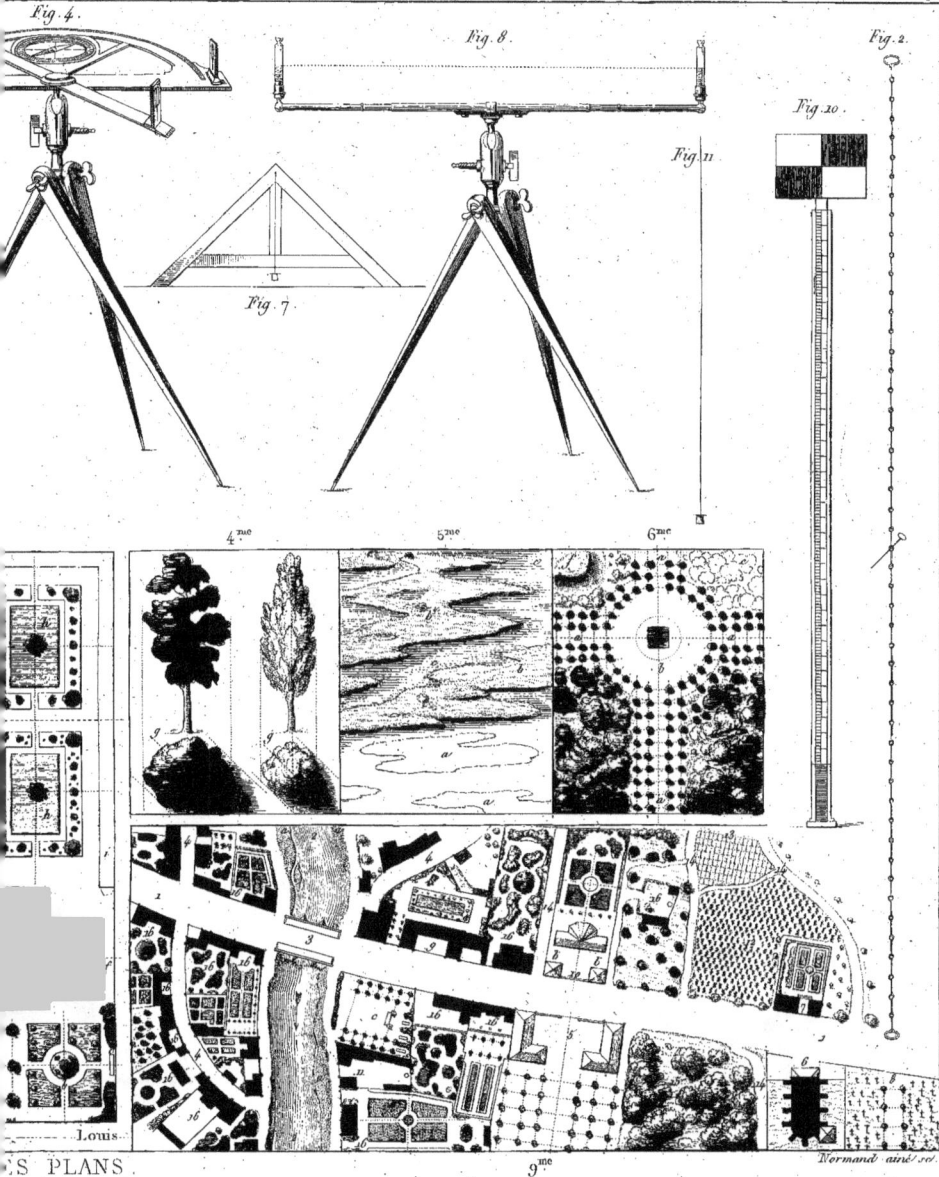

Fig. 4.

Fig. 8.

Fig. 2.

Fig. 10.

Fig. 11.

Fig. 7.

4me

5me

6me

Louis

9me

Normand ainé sc.

www.ingramcontent.com/pod-product-compliance
Lightning Source LLC
Chambersburg PA
CBHW071457200326

41519CB00019B/5768